L'APICULTURE
MOIS PAR MOIS

Jean Riondet

L'APICULTURE
MOIS PAR MOIS

Bien conduire son rucher de janvier à décembre

ulmer

PRÉFACE

Tous les apiculteurs savent que les colonies d'abeilles calquent leur développement en suivant le rythme des saisons et des aléas climatiques. Mais quel est l'apiculteur débutant ou chevronné qui à un moment n'a pas douté d'intervenir trop tôt ou trop tard, et à bon escient dans la conduite de son rucher ?

Jean Riondet, fort d'une riche et longue expérience en apiculture, et bien rodé à répondre aux interrogations des apiculteurs en sa qualité de formateur, nous propose dans cet ouvrage, l'outil que chacun souhaite avoir à portée de main : un calendrier des travaux apicoles. Ils y sont clairement présentés avec un vocabulaire technique précis et pédagogique. La biologie de l'abeille et les conseils de prévention sanitaire à apporter aux colonies y sont aussi traités. La description des gestes et des opérations apicoles à réaliser, illustrées par des photos et des schémas précis se transforme en un véritable guide qui vous accompagne, pas à pas, tout au long de la saison apicole.

Cet ouvrage à la portée de tous, offre un précieux avantage à son lecteur : non seulement il lui permet de connaître les travaux du mois, mais il permet surtout à l'apiculteur d'anticiper sur les travaux à venir et à tenir prêt son matériel. En résumé à avoir un temps d'avance, une des clés du succès en apiculture !

Bonne lecture et à vos enfumoirs pour de belles récoltes !

Frank Alétru
Président du Syndicat national d'Apiculture

Les astérisques renvoient au glossaire, page 152.

INTRODUCTION

« Tout l'art de l'apiculteur consiste à avoir des ruches bien peuplées. C'est un principe dont on ne doit jamais s'écarter. »

Calendrier apicole, 1890, Contardi.

Près de 130 années plus tard, ce principe reste toujours d'actualité. À l'objectif des ruches bien peuplées, j'y ajouterai « et en bonne santé ». Un environnement fragilisé, des parasites en nombre, des maladies nouvelles, des pesticides surpuissants, une interdiction d'emploi de médicaments, etc. nous conduisent à des apprentissages renouvelés, des pratiques à faire évoluer pour obtenir des colonies puissantes seules capables de survivre. Produire de telles colonies demeure par conséquent le credo de tout apiculteur aujourd'hui.

Conçu comme un « livre compagnon », cet agenda est un vademecum de janvier à décembre, un pense-bête pour toutes les étapes de la saison apicole. Tous les apiculteurs le savent, celle-ci est très courte et tous les moments sont importants. Les floraisons du printemps constituent l'essentiel des ressources alimentaires pour assurer la dynamique du développement des colonies. En quelques semaines, l'explosion démographique de celles-ci va assurer la surabondance d'abeilles capables de produire à leur tour une surabondance de miel. C'est cet excédent par rapport aux besoins de la colonie que l'apiculteur prélève. Pierre Jean-Prost distingue ainsi le miel dit « de surplus », dont nous profitons, du miel dit « d'entretien », destiné à la vie des abeilles.

Cette distinction met bien en lumière une notion qu'il est important de toujours garder en mémoire : l'apiculteur est un prédateur des réserves de miel que les colonies se constituent au moment le plus favorable, c'est-à-dire au printemps, pour survivre aux autres périodes de l'année, moins fastes en nectar et en pollen. Cela impose à l'apiculteur un certain nombre de règles. Nos prélèvements doivent respecter le rythme de vie des colonies, et bien sûr éviter de les affamer à des moments inopportuns. Cela suppose aussi de rendre aux abeilles, sous forme de sucre, le miel dont elles ont besoin, tout en veillant à leur apporter parallèlement des protéines.

Il s'agit par conséquent de faire produire le miel de surplus, sans toutefois compromettre la quantité de miel d'entretien, vital pour la survie des abeilles.

Insectes pollinisateurs.

La conduite du rucher par l'amateur devra respecter un calendrier strict, calé à la fois sur la biologie de l'abeille, la dynamique des colonies et sur le cycle toujours singulier des ressources de l'environnement du rucher.

Les principes directeurs de la conduite du rucher sont assez simples, et très anciens ; le premier est celui énoncé par Contardi, le second par l'abbé Warré.

Avec les contraintes actuelles, le principe de Contardi trouve sa traduction dans la surveillance sanitaire des colonies, leur nourrissement à des moments opportuns, le renouvellement des reines ; celui de l'abbé Warré dans la nécessité de partager le butin à part égale entre l'apiculteur et les colonies.

Ces grands principes fondateurs de l'apiculture moderne se traduisent par deux leitmotivs qui jalonnent toutes les pages de ce guide. Le premier consiste à disposer en permanence de populations d'abeilles bien nourries ; le second concerne la prévention des maladies par de bonnes pratiques apicoles, l'hygiène étant actuellement la base de la conduite des ruchers.

En effet, depuis l'arrivée de *Varroa destructor* en 1983, les abeilles sont affaiblies par ce parasite externe qui consomme leur hémolymphe et transmet bactéries et viroses par les blessures qu'il occasionne. Les colonies sont dans un état sanitaire très défavorable, que l'apiculteur doit surveiller avec une grande vigilance. Jamais en effet on n'a connu d'infestations bactériennes et virales à un tel degré dans les ruchers.

Par ailleurs, les monocultures, l'absence de rotations annuelles entre légumineuses et céréales, la domination du maïs en maints endroits, les fauchages précoces, les techniques d'entretien des bordures de routes... Tout cela entraîne un appauvrissement de l'environnement en pollen, source de protéines indispensables à la bonne santé des abeilles, du couvain en cours d'élevage, des reines en ponte... Naissent alors des abeilles carencées, sensibles aux maladies, et dont l'espérance de vie est raccourcie.

Ajoutons au panorama des inquiétudes les pesticides, notamment systémiques. Ces produits se retrouvent en effet dans de très nombreuses fleurs, en quantité certes limitée mais suffisante pour intoxiquer les nectars* et pollens*. Les dangers que représentent ces produits chimiques, y compris pour la santé humaine, ont fait nommer l'abeille « sentinelle de l'environnement ».

L'effondrement des colonies est un problème majeur, dû à la combinaison de plusieurs facteurs. Avec le varroa, les

* Intoxication chronique indiquée par Anne Alix, chef de l'unité d'écotoxicologie à l'AFSSA dans le rapport présenté en juin 2009 sur les mortalités, effondrements et affaiblissement des colonies d'abeilles.

Ruche chalet.

insecticides systémiques semblent constituer la première source des affections « opportunistes » dont meurent aujourd'hui les abeilles. L'usage des produits phytosanitaires est très préoccupant et fait l'objet de conflits souvent violents entre les apiculteurs et les industriels. Les rapports se succèdent, les experts sont convoqués, dénoncés, les méthodes critiquées, les pouvoirs publics débordés, soupçonnés de collusion avec les lobbies industriels ou ceux des agriculteurs ou éleveurs qui utilisent ces produits... En tout état de cause, seules les organisations professionnelles, les syndicats apicoles, les États et l'opinion publique peuvent orienter la recherche agrochimique vers des produits moins défavorables à la santé des abeilles et des insectes en général. De ce point de vue, un énorme travail de rapprochement de l'apiculture et de l'agriculture reste à faire, au niveau des relations entre acteurs locaux tout autant que nationaux.

Mais c'est aussi à chaque apiculteur qu'il revient de mener la lutte. Outre sa participation au syndicat local d'apiculture et aux actions dans ce domaine, l'apiculteur devra développer pour ses ruchers des stratégies pour préserver ses abeilles en tenant compte de ces facteurs délétères.

Frelon asiatique *Vespa Velutina.*

Frelon européen *Vespa Crabro.*

Comme l'affirme le docteur Albert Becker (CETAM-L 2009), « En moins d'un siècle, nous sommes passés d'une économie apicole de cueillette primitive largement dispersée dans la campagne, à une concentration des ruches et à des méthodes d'exploitation extensive, nécessitant de très solides connaissances techniques apicoles et sanitaires qui ne sont pas toujours réunies dans les exploitations apicoles. » Mois après mois, cet agenda propose ainsi des conseils utiles pour bien conduire son rucher, traiter correctement ses colonies, maintenir de manière constante des populations en parfaite santé et à un haut niveau démographique.

Les techniques décrites sont les plus simples, les plus accessibles, les plus courantes. Bien d'autres manières de faire sont possibles, bien sûr, selon les lieux, les miellées ou le savoir-faire de l'apiculteur. Nous renvoyons les apiculteurs intéressés aux ouvrages de référence cités en bibliographie.

Fruit d'une expérience personnelle de plus de cinquante ans, de mes lectures et des enseignements que j'ai reçus, cet agenda a été également conçu à partir des observations faites dans la région lyonnaise, où se trouvent mes ruches et où je forme des apiculteurs amateurs. Bien que je sois dans une région où l'hiver peut être froid, les fluctuations climatiques annuelles m'ont permis d'observer que les premiers pollens pouvaient être récoltés dès le 1er janvier, lorsque l'hiver est doux, et pas avant début mars, lorsqu'il est plus rude. Selon l'environnement floral de votre propre rucher, les variations climatiques locales et les années, les préconisations seront ainsi à décaler d'un mois sur l'autre.

Le temps et l'expérience aidant, vous saurez adapter gestes et conseils à vos propres besoins.

Et comme l'affirme Michel Bocquet : « Prévoir la saison apicole prend de plus en plus d'importance. En particulier, les pertes de cheptel tout au long de l'année nécessitent une bonne coordination de la production de miel avec l'effort d'élevage afin d'assurer en même temps un bon renouvellement du cheptel (ou une croissance dans le cas d'une installation) et une production conséquente de miel ».

Bonne lecture et bonne saison apicole.

JEAN RIONDET

CALENDRIER

Du 20 octobre au 10 mars, période hivernale ou morte saison : repos des colonies surveillance du poids des ruches apport éventuel de sucre candi.

Du 10 mars au 20 avril, période pré-printanière : premières grandes floraisons, visite de printemps, bilan des colonies, réunion des essaims artificiels avec les colonies de production et accompagnement de leur développement. Pose des premières hausses. Premiers élevages artificiels de reines.

Du 20 avril à mi-juin : lutte biotechnique contre varroa, miellées de printemps, essaimages naturels et artificiels, première récolte.

De mi-juin à mi-juillet : miellées d'été, fin de la constitution des essaims artificiels, dernière récolte, début des traitements contre varroa. Fin de la période de l'élevage artificiel des reines.

De mi-juillet au 20 octobre : changement des reines ou conduite des essaims artificiels pour l'hivernage, réduction du volume des ruches, nourrissement pour la morte-saison, poursuite des traitements contre varroa jusqu'à la limite d'ouverture des ruches.

CALENDRIER

JANVIER

Premier mois de l'année civile, mais l'un des derniers de l'année apicole. La nouvelle saison commencera en avril avec l'explosion des colonies hivernées qui assureront les récoltes de l'année et la production d'essaims naturels ou artificiels qui constitueront les colonies de production de l'année suivante. Hormis les récoltes qui auront lieu dans quelques mois, une part conséquente du travail de l'apiculteur dans son rucher consistera pendant toute l'année à préparer la récolte de l'année suivante. La force des colonies, leur état de santé, l'importance de leurs réserves détermineront en effet leur future productivité.

LA MÉTÉO DU MOIS

En janvier, les jours sont courts, le froid est de rigueur, la météo n'est pas au rendez-vous des abeilles.
Chaque journée ensoleillée est un plus pour les colonies, la chaleur du soleil compensant le froid de l'air, elles en profitent pour sortir et se délester de leurs excréments.
Par temps couvert, le froid leur serait fatal, ces jours-là elles restent au chaud dans la ruche.

LES FLORAISONS

En janvier, il n'y a guère de fleurs ou d'arbres susceptibles d'alimenter les abeilles dans la plupart des régions.
Le noisetier est la première des sources de pollen dans nos régions tempérées, bien souvent vitale pour les colonies car elle permet à un nouveau couvain d'apparaître lorsque les réserves internes sont épuisées.
Certaines années, janvier peut être un mois particulièrement chaud. J'ai vu des abeilles rentrer du pollen le 1er janvier vers Lyon ! Il provenait principalement du chèvrefeuille arbustif à feuilles persistantes.
Pour la Provence, on notera le romarin, le diplotaxis en fleur depuis septembre, le mimosa, les amandiers...
Et selon les régions, on trouvera également les arbousiers, l'aulne du Caucase et, jusqu'en mars, les hellébores ou roses de Noël, les perce-neige, le mahonia oriental.

Mimosas en fleur.

Perce-neige.

Romarin.

ATTENTION, DANGER !

La grappe formée par les abeilles par grand froid ne doit pas être disloquée par mégarde : les abeilles retomberaient sur le plateau de sol et seraient saisies par le froid. Engourdies, elles ne pourraient plus se regrouper pour retrouver une chaleur salvatrice, avec le risque de voir la colonie disparaître. Le calme est donc de mise lorsque l'on visite le rucher à cette période !

L'automne et l'hiver sont la morte-saison apicole.

LA VIE DE LA COLONIE

Une vie au ralenti

L'hiver, les abeilles poursuivent leur vie au ralenti en restant serrées en grappe les unes contre les autres. Alors que la température peut descendre un peu en dessous de 0 °C dans la ruche, le cœur de la grappe est maintenu entre 30 et 35 °C par les abeilles. Lorsque le soleil est éclatant, le bois des ruches s'échauffe, faisant monter la température, la colonie s'anime. La grappe se disloque, certaines abeilles sortent, d'autres passent d'un rayon à l'autre à la recherche de nourriture si le rayon où elles sont bloquées est vide.

La colonie navigue ainsi d'un bord à l'autre de la ruche en fonction des réserves de miel et se rapproche bien souvent du côté le plus chaud de la ruche ou du soleil levant.

Ces alternances de froid et de journées très ensoleillées sont favorables aux colonies. Les hivers où le soleil ne chauffe jamais fortement les ruches, on observe des disparitions de colonies alors qu'elles ont des réserves de miel à l'opposé de l'endroit où elles sont mortes, la tête enchâssée dans des cellules vides de miel. Elles n'étaient pas assez nombreuses pour dégager la chaleur leur permettant de se déplacer dans la ruche à la recherche de rayons pleins de miel. Les colonies consomment peu de miel, juste ce qu'il leur faut pour vivre et dégager la chaleur nécessaire. Plus elles sont nombreuses et plus la quantité de miel utilisée par chacune des abeilles pour dégager de la chaleur est faible. C'est pour cela que les colonies populeuses ne sont pas beaucoup plus consommatrices en miel que les colonies faibles en population. Les réserves de pain des abeilles seront aussi consommées pour le couvain qui apparaît peu à peu dans le courant de ce mois.

Parfois, la ponte de la reine repart

En fin de mois, les jours rallongent de manière sensible. En Provence, et dans le Midi en général, ainsi que plus au nord certaines années chaudes, le pollen apparaît, les abeilles sortent pour en trouver, la ponte de la reine repart. Cette nourriture, complétée par le miel de la colonie, active chez les très jeunes abeilles les glandes hypopharyngiennes jusqu'alors au repos. La reine ainsi nourrie se met à pondre, peu sans doute, mais suffisamment pour que le cycle de renouvellement des nourrices commence. Au fil des semaines, ces jeunes abeilles, capables de produire de la gelée royale en masse, deviennent stratégiques pour l'expansion de la colonie.

QUELQUES POINTS DE REPÈRE

1. Plus les colonies sont populeuses, plus les cadres sont pleins de miel, moins le risque de mortalité par famine en présence de miel est important. D'où la réduction du nombre des cadres jusqu'à 6 si besoin, une fois la récolte faite, pour obliger les abeilles à remplir les cadres sur toute leur hauteur – quitte à ajouter progressivement des cadres bâtis pour accroître les stocks de miel.
2. Plus la ruche est lourde, plus elle possède de miel et d'abeilles, plus elle aura de couvain dans 2 mois.
3. Plus la ruche est lourde, plus elle perdra du poids durant l'hiver au profit du couvain.

Ruche dotée d'un pain de candi posé sur la tête des cadres recouvert d'un polyane et d'un couvre-cadre nourrisseur mis à l'envers.

LA SANTÉ DE L'ABEILLE

Tout au long de l'année, vous aurez à préserver vos ruches des parasites qui peuvent les mettre gravement en péril. Mieux vaut par conséquent bien les connaître, pour mieux les affronter et les combattre...

L'abeille est soumise en effet à de nombreux parasites, dont les plus connus sont le varroa, l'acariose et le pou *Braula caeca*. En 2004 arrive d'Asie, par accident, *Vespa velutina*. Ce frelon se révèle redoutable en de nombreux endroits, décimant les ruches. La protection contre le frelon asiatique cherche encore ses marques.

Mais le plus important aujourd'hui reste sans conteste le varroa. Tous les ruchers sont atteints, toutes les ruches à traiter. Lutter contre ce parasite est devenu une activité sanitaire très importante, totalement intégrée au cycle de travail de l'apiculteur au même titre que le nourrissement, l'élevage des reines, la constitution d'essaims artificiels...

L'acariose et le pou *Braula caeca* disparaissent avec les traitements contre varroa.

Colonie sans protection morte de froid au Canada.

Varroas sur larve.

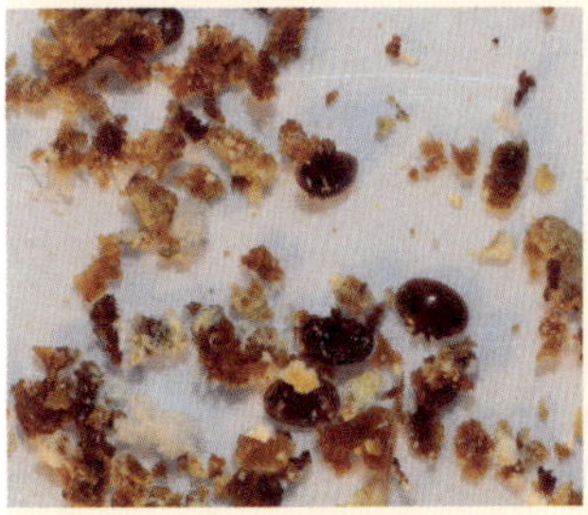

Varroas posé sur lange posé sur le plateau de sol.

MIEUX CONNAÎTRE LE VARROA

Parasite externe qui ressemble à une petite lentille brune ovoïde, le varroa s'installe sur les membranes intersegmentaires qui relient les anneaux de l'abdomen entre eux. Il perfore cette membrane et se nourrit de l'hémolymphe de l'abeille. Lutter contre varroa est vital pour les colonies.

Effets de ce prédateur

Pour vivre, varroa trouve ses protéines dans l'hémolymphe et les corps gras de l'abeille. Il consomme la vitellogénine nécessaire pour allonger la longévité des abeilles d'hiver. Il réduit de manière permanente leurs capacités naturelles de défense contre les maladies, augmente la pression virale car il duplique les virus, redouble l'efficacité des pesticides, raccourcit la durée de vie des abeilles et en fait de mauvaises nourrices, cirières, butineuses... Varroa + pesticides, c'est le feu nucléaire dans les ruches.

Pour gérer cette parasitose, on doit démarrer la saison avec le moins de varroas possibles dans la colonie car, dès la pose des hausses, aucun traitement n'est plus envisageable pour éviter de polluer le miel. La lutte contre varroa se fait essentiellement de la fin des récoltes (juillet) jusqu'au début des grandes miellées d'avril.

Traiter en combinant les actions

Aucun médicament n'est sans incidence sur la qualité de vie des abeilles, sur la fertilité et la durée de vie des reines. Leurs résidus dans le miel sont constants, même à doses infinitésimales.

La lutte contre varroa s'organise autour de deux manières d'intervenir dans une lutte intégrée dite biotechnique.

1. Action biologique au début du printemps, par destruction de couvain de mâles.
2. Action chimique récoltes faites afin d'éviter toute pollution du miel.

HYGIÈNE ET SANTÉ DU RUCHER

Nourrir si nécessaire

Pas de mesure prophylactique à prévoir ce mois-ci, veiller seulement à donner une nourriture adaptée en cas de besoin. Les colonies consomment environ 70 g de miel par jour. Une diminution du poids total des ruches d'environ 2 kg par mois est normale. En cas d'inquiétude sur l'état des réserves, vous apporterez du sucre cristallisé, le seul qui soit accessible aux abeilles, sous forme de candi ou de sucre en morceaux.

Le sucre candi est une cristallisation fine contenant jusqu'à 15 % d'eau. Vous pouvez poser le sac plastique ouvert sur le trou du couvre-cadre, au plus près de la grappe : il est ainsi facilement accessible et assimilable par les abeilles.

Le sucre en morceaux est d'une grande simplicité d'usage, mais son intérêt est limité par sa sécheresse. Seules les colonies les plus fortes peuvent l'utiliser car elles dégagent de grosses quantités d'humidité qui viennent assouplir le sucre, placé sur un trou de nourrisseur de grand diamètre. Autrement les abeilles peuvent mourir de faim sous ce sucre qu'elles ne peuvent absorber.

Des risques de désordres intestinaux

Si par un jour ensoleillé des abeilles sortent et que de nombreuses déjections apparaissent sur la planche d'envol, ou sur la face avant, c'est le signe que les abeilles présentent des troubles intestinaux. Ils peuvent avoir deux origines :

- **Une nourriture inadaptée**, miellat par exemple, qui provoque une dysenterie (c'est le cas le moins grave). Le remède sera d'apporter un demi-litre de sirop chaud (40 °C) par un jour de beau soleil dans le couvre-cadre nourrisseur. Cet apport provoque un vol de propreté.
- **La nosémose** (c'est plus grave et cette maladie doit être déclarée à la DDPP*) : *Nosema apis* donne lieu à des déjections sous forme de langue sur le devant de la ruche et de grosses déjections sur les cadres. Cette forme sévit au printemps. *Nosema ceranae*, la plus répandue, n'a pas de signe visible sauf des dépopulations et sévit toute la saison.
- **Pas de traitement médicamenteux**, seule la prévention est possible, par le nourrissement en supprimant les miellats récoltés dans le corps, par le changement régulier des reines, la désinfection annuelle des ruches, le renouvellement des cires, l'exposition du rucher.

Déjections typiques de nosémose sur la tête des cadres.

Déjections typiques de nosémose sur la face avant de la ruche.

Ruche partitionnée, candi sur la tête des cadres recouverts d'un film plastique.

Rucher dans les Alpes du Sud.

Pesée partielle.

À RETENIR

- Notez le poids des ruches : plus elles sont lourdes en janvier, plus le nombre des cadres de couvain sera important en mars.
- La décroissance du poids donne l'indication de la vitalité de la colonie. Lorsque le poids de la ruche diminue avec rapidité, c'est que la colonie a relancé la ponte de la reine.

LES TRAVAUX AU RUCHER

Nettoyer l'environnement

Poursuivre l'entretien des abords du rucher (voir Novembre, encadré p. 132).

Tenir les toits et dégager la planche d'envol

Il est prudent de surveiller la bonne stabilité des ruches et d'alourdir les toits avec une pierre.

S'il a neigé, vous devez également surveiller la planche d'envol pour que de la neige ne l'obstrue pas, la dégager régulièrement. Dans les régions très froides, il convient de protéger la planche d'envol d'une tuile pour limiter les sorties des abeilles, qui seraient attirées par la luminosité de la neige un jour de grand soleil et en mourraient.

Surveiller les réserves

Peser régulièrement les ruches est nécessaire tout au long de l'hiver. La perte d'1 kg par mois en pesée arrière est normale mais si la colonie a perdu 2 kg, il faut lui fournir du candi. En cas de doute, mettez-en sur le trou du couvre-cadre, les abeilles le consommeront comme du miel. Il faut savoir cependant que le candi n'accélère pas la ponte de la reine comme le ferait du sirop. À cette époque de reprise du couvain, le candi protéiné renforce la qualité de celui-ci, du moins le pense-t-on actuellement.

Réduire la surface des plateaux de sol

En situation de froid intense, il est préférable de réduire la surface d'aération des plateaux de sol totalement grillagés. Certains modèles disposent d'une planche de fermeture de l'aération qui se glisse sous le grillage. Dans le cas contraire, vous pouvez glisser par l'entrée une mince feuille métallique ou un contre-plaqué. On réduit ainsi des 3/4 la surface d'aération, ce qui limite le refroidissement de la ruche et maintient une bonne évacuation de l'humidité, plus toxique pour les abeilles que le froid lui-même. Ainsi, la ponte de la reine démarrera un peu plus tôt dans l'hiver.

Cette opération est inutile en cas de surélévation des corps par une hausse vide posée sur le plateau du sol.

LES TRAVAUX À L'ATELIER

Traiter les corps de ruche et les hausses

Toutes les peintures conviennent, pourvu qu'elles ne contiennent ni insecticides ni fongicides, souvent toxiques pour les abeilles. Il existe des lasures « bio », ainsi qu'une peinture aux pigments d'aluminium, très résistante. Les corps et les hausses peuvent également être passés à l'huile de lin. Le traitement le plus durable se fait à la cire microcristalline, une paraffine à haut point de fusion. Poser sur un brûleur à gaz propane un toit de ruche en tôle de 110 mm de hauteur, le caler sur des briques. Y faire fondre la cire qui sera portée entre 120 et 140 °C (mesurés avec un thermomètre à infrarouge courant et peu onéreux). Dans le fond du toit, poser deux ronds à béton de 10 mm de diamètre environ pour éviter que le bois ne noircisse au contact de la tôle surchauffée.

Le trempage sera de 15 minutes par face. La pénétration de la cire est très importante, la protection du bois quasiment à vie.

Inconvénients : le temps à y consacrer, les risques de brûlure, la quantité de gaz consommée. Les caisses seront manipulées avec un long crochet et avec des gants spécifiques de protection contre la chaleur. Procéder en plein air pour éviter les risques d'incendie. Désormais, ce type de protection est accepté en apiculture sous appellation biologique.

Les corps neufs seront souvent repeints après une première année d'utilisation. Il n'est pas rare que l'humidité de la colonie traverse le bois et fasse cloquer la peinture au bout de quelques mois. L'année suivante, les abeilles auront enduit de cire l'intérieur de la ruche et l'étanchéité du bois sera assurée.

Traitement à la cire microcristalline sur élément Warré.

Désinfection à chaud avec de la lessive de soude.

Équiper les ruches de poignées type caisse de munitions.

GARE AU VANDALISME !

Bien surveiller le rucher en hiver : le vandalisme n'est pas rare, les courageux venant toujours bousculer les ruches au moment où les abeilles sont le moins en mesure de se défendre.

Fonte de la cire récoltée sur des cadres de miel au cours de l'été.

PRUDENCE !

La fonte des rayons et la désinfection des cadres méritent quelques précautions, car on risque de graves brûlures. Les manipulations et l'ébullition de l'eau, chargée de produits divers, donnent lieu à de nombreuses éclaboussures. Se protéger avec un écran de sécurité, des bottes, des gants en caoutchouc de grande taille et un tablier de protection qui couvre les bottes. En cas d'accident, rincer immédiatement la plaie sous l'eau froide courante un très long moment avant d'aller impérativement chez le médecin.

Réformer les vieux cadres…

Les rayons âgés, noircis, doivent être supprimés. Ils ont contenu du couvain, stockent les spores des maladies, des champignons, les déchets des larves, des restes de cocons et tous les produits chimiques liposolubles (la cire est un corps gras) mis dans la ruche pour traiter contre le varroa ou introduits lors du butinage.

En les traitant aux rayons gamma, on pourrait les stériliser mais on ne sait les débarrasser des produits chimiques qu'elles contiennent. Ces cires issues des cadres de corps sont de peu de valeur et permettent juste de faire des bougies, de l'encaustique… Le traitement des vieux cadres à l'eau bouillante permet une faible récolte de cire, pour un temps consacré élevé et une dépense énergétique importante.

Ces cires fortement polluées sont désormais considérées comme inutilisables pour gaufrer de nouvelles plaques de cire comme on le faisait autrefois : les découper et les jeter.

Le changement des rayons ayant contenu du couvain doit être fait en 3 ans maximum. Remplacer chaque année au minimum 3 cadres de corps est une mesure prophylactique importante.

Fabriquer des cadres à jambage.

***LA TENDANCE ACTUELLE** privilégie les cadres à jambage non filés qui ne nécessitent plus de feuilles de cire gaufrée ; juste une mince lame de cire ou simplement une coulée de cire fondue dans la rainure de la tête du cadre. Posés les uns à côté des autres, les jambages dans le même sens, ils sont construits assez correctement ; une légère surveillance s'impose néanmoins. Riches en cellules de mâles, ils sont très commodes pour retirer des portions de cellules de mâles operculées. Ils se recyclent très aisément.*

D'Amérique du Nord nous arrive la pratique des plaques en plastique gaufrées au format des alvéoles de cires. Les risques associés au passage du bisphénol, etc. dans le miel ne nous semblent pas devoir plaider en faveur de cette évolution.

Récupérer les cadres

Une fois découpé et débarrassé de son rayon de cire, le cadre sera nettoyé par un rapide passage à l'eau bouillante. La rainure en tête sera nettoyée par un passage de la pointe du lève-cadre pour être par la suite enduite d'une légère coulée de cire fondue ou équipé d'une lame de cire d'1 cm de hauteur.
Pour stériliser les cadres, on les fera tremper à froid dans un bain contenant de la lessive de soude en proportion 1 l de lessive pour 20 l d'eau froide, ce qui élimine les dernières traces de cire. Laissés ainsi au minimum une journée, ils seront rincés puis mis dans un bain d'eau de Javel en proportion de 3 l d'eau de Javel à 2,6 % de chlore actif (c.a.) dans 10 l d'eau durant au moins 15 minutes. L'eau de Javel est un biocide peu onéreux qui détruit parfaitement les spores de la loque américaine. Les cadres ainsi traités sont prêts à resservir.

ATTENTION : *travailler avec des lunettes de protection ou mieux une visière protectrice du visage, des gants estampillés « chimie ». Faire ces opérations en plein air.*

FAIRE DE L'ENCAUSTIQUE

L'encaustique est un mélange d'essence de térébenthine et de cire réalisé à chaud. Étant donné le danger lié à l'inflammation de l'essence, on chauffe uniquement la cire au bain-marie puis, une fois fondue, tous feux éteints, on verse dans la cire chaude l'essence de térébenthine jusqu'à obtenir la consistance voulue. Ajouter à l'essence de térébenthine 5 % de white-spirit homogénéise le mélange en cas de cire liquide, et évite à l'encaustique, sous forme de pâte, de rester collante. *Attention ! Ne jamais chauffer l'essence de térébenthine, ni le mélange cire/essence.*

LA BONNE PRATIQUE DU MOIS

Acheter des cires pour vos cadres qui soient labellisées « cire d'opercule », ou garanties sans résidus quantifiables d'acaricides et d'antibiotiques, susceptibles de contaminer les produits de la ruche. Ou mieux, regroupez-vous pour faire du gaufrage à façon avec vos propres brèches d'opercules.

ALLUMER L'ENFUMOIR

La plupart du temps, lorsqu'un apiculteur débutant incrimine l'agressivité de ses abeilles, ce sont les conditions de fonctionnement de l'enfumoir qui sont à mettre en cause. Un enfumoir bien enflammé doit faire tousser l'apiculteur !

1

Mettre un peu de carton ondulé enflammé dans l'enfumoir, puis deux petites pommes de pin. Bien souffler pour tout enflammer (c'est l'odeur de pin qui domine). Vous pouvez ajouter les restes carbonisés et refroidis de l'enfumoir précédent, criblés à l'aide d'un tamis (ceux des bacs à sable pour les enfants conviennent parfaitement).

2

Compléter avec des croquettes. Souffler jusqu'au changement d'odeur, signe que les croquettes s'enflamment.

Granulés de bois

3

Mettre une boule de papier
sur le dessus pour bloquer les croquettes (voir encadré), refermer le couvercle avec son bec.

BIEN CHOISIR SON COMBUSTIBLE

Le combustible doit bien se consumer, être suffisamment gros pour laisser passer l'air facilement. Il ne doit contenir aucun produit synthétique dont la combustion engendrerait des fumées toxiques.
Les gros copeaux de bois ou les croquettes de bois compressées et séchées de gros calibre pour chaudière, par exemple, conviennent parfaitement.
Les spécialistes de produits apicoles possèdent de telles croquettes, composées de produits facilement inflammables avec une allumette, et parfumées de surcroît. Pour la récolte, récuser les résineux qui donnent un goût de sapin au miel.
La fumée de l'enfumoir est aussi toxique pour l'apiculteur que la cigarette. Ce « tabagisme apicole » est à limiter en utilisant les produits les moins riches en goudrons. Des croquettes faites de fibres de bois dégoudronnées par étuvage sont disponibles sur le marché.

ASTUCE

Choisir un enfumoir, dont la buse de sortie et le trou de ventilation du bas sont d'un très grand diamètre.

Un tel enfumoir ne peut s'éteindre en cours de travail. Il donne une fumée abondante et dense. Bien allumé le matin, il est encore utilisable en fin de journée si on ne s'en est pas servi entre-temps. Pour un enfumage léger, compter trois coups de soufflet ; pour un enfumage plus conséquent, une dizaine. On l'éteint en le couchant sur le côté. Dans les zones à risque d'incendie, emporter avec soi une bouteille d'eau pour éteindre l'enfumoir.

FÉVRIER

Mois de transition entre la fin de l'hiver apicole et le début du printemps, février est un mois particulièrement critique pour les colonies les plus faibles, qui peuvent mourir de faim.
« C'est février le mois de l'année le plus mauvais et le moins long. » Ce proverbe de Lozère, rapporté par l'abbé Germain Barthélemy, rappelle que ce mois est à grands risques.
Les colonies sont au repos depuis longtemps, les sources de nectar et de pollen quasi inexistantes, les réserves de la ruche s'épuisent, le froid empêche les abeilles de sortir, les organismes se fatiguent. Dans le même temps, du jeune couvain apparaît.

LA MÉTÉO DU MOIS

En février, la météo est variable et dépend beaucoup des régions. Le froid et la pluie sont cependant au rendez-vous un peu partout. Dans la plupart des zones froides, en montagne, dans le Nord-Est de la France, sur les contreforts des Alpes, voire dans les Pyrénées, le mauvais temps peut durer jusqu'en avril avec des températures globalement entre 2 °C ou 3 °C et 6 °C ou 7 °C suivant les régions, mais qui peuvent aussi descendre beaucoup plus bas, avec des - 15 °C ou - 20 °C par endroits. En février, la neige est également fréquente. Dans les zones tempérées et dans les zones bien exposées au soleil du Midi, les jours rallongent et les premières fleurs apparaissent, la colonie redémarre son activité en force.

Saule marsault en fleur.

LES FLORAISONS

Selon les espèces et les régions, le noisetier fleurit de janvier à mars. Sa floraison précoce en fait une importante source de pollen en ce milieu d'hiver. Il est aussi à l'origine du miellat après l'émergence des feuilles.

Le saule marsault est également en fleur ce mois-ci. Ce sont les arbres mâles qui attirent les abeilles, celles-ci raffolent de leurs chatons ovoïdes et jaunâtres. Le saule marsault présente un fort intérêt apicole, notamment pour sa richesse en pollen. Les fleurs mâles apportent abondance de nectar et de pollen, les fleurs femelles n'offrent que du nectar. Si les conditions météo sont favorables, cette floraison provoque l'explosion du couvain.

Enfin, présent en plaine essentiellement, le tussilage est l'une des rares plantes dont les fleurs apparaissent avant les feuilles. Son intérêt apicole est faible, avec peu d'apport de pollen. On y ajoutera, selon les régions, l'aubépine de Virginie ou ergot de coq pour le pollen, l'aulne blanc jusqu'en mars et les crocus printaniers.

Lonicera fragrantissima ou chèvrefeuille d'hiver.

Chatons de noisetier.

LA VIE DE LA COLONIE

La grappe se disloque

Nous sommes au cœur de l'hiver et pourtant la reproduction de la colonie repart. Les jours rallongent, parfois un peu de chaleur envahit la ruche et les abeilles se dégagent les unes des autres, on dit que la grappe « se disloque ». Comme je l'avais indiqué le mois dernier, les abeilles sortent alors pour faire un vol de propreté. Elles évacuent les déjections stockées dans leur ampoule rectale.

Les abeilles consomment davantage

Les réserves de pollen et de miel sont également davantage consommées, la gelée royale est de nouveau disponible, la ponte de la reine redémarre vraiment. Le cycle de développement de la colonie est amorcé. Les hivers trop froids, trop longs, sont défavorables de ce point de vue, la santé et la force des colonies s'en ressentent.

BIOLOGIE DE L'ABEILLE

Les abeilles poursuivent leur vie au ralenti. Cohabitent à présent, dans cette grappe qu'elles forment pour se tenir chaud, des abeilles restées jeunes depuis l'automne et de vieilles abeilles dont la vie ne va pas tarder à s'achever. Ces jeunes abeilles commencent à produire la gelée royale indispensable pour la ponte de la reine. Plus tôt leurs sécrétions reprendront, plus vite la colonie se verra dotée de nouvelles nourrices si importantes pour la dynamique de la reproduction de la population.

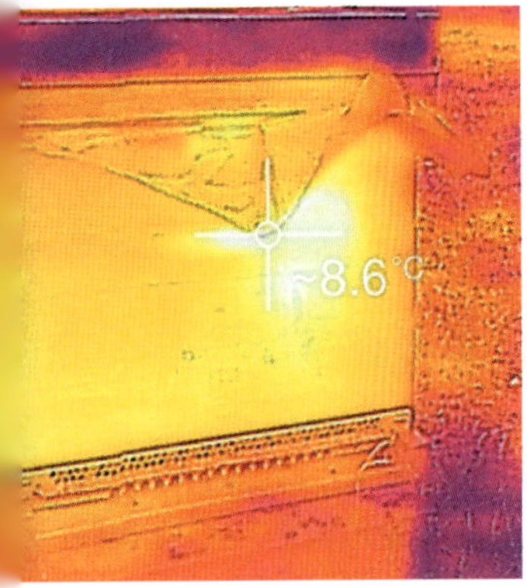

Position de la grappe au sein d'une ruche photographiée avec une caméra thermique.

Les « nourrices », forces vives de la colonie

Les abeilles nourrices sont fondamentales pour la vie de la colonie. En effet, toute abeille peut facilement butiner, par contre les glandes hypopharyngiennes, sources de la gelée royale, sont présentes exclusivement chez les jeunes abeilles dans les dix premiers jours de leur vie tout au plus.

En automne, le mécanisme de préparation de l'hivernage permet de conserver ces glandes intactes plusieurs mois. Or, dès le solstice d'hiver passé, l'allongement de l'ensoleillement conduit les colonies à reprendre l'élevage du couvain, de manière plus ou moins précoce selon les températures, les régions et les races d'abeilles. Cette croissance du couvain est continue, jusqu'à atteindre son apogée en juin.

PLUSIEURS « ÉTAPES » DANS LA VIE DE L'ABEILLE

La colonie est un super-organisme, où chacun des membres dépend de tous les autres et l'ensemble de chacun. La colonie est structurée à l'image de tout organisme vivant où les cellules interagissent entre elles en permanence. La trophallaxie (l'échange constant de nourriture entre les abeilles), les phéromones émises par de nombreuses parties du corps de la reine, des abeilles ou par les larves, sont un mode de communication chimique qui régule, organise, pilote la vie de la colonie et les comportements de chaque abeille.
Dans la vie de l'abeille, plusieurs étapes en font une partenaire différente de la colonie en fonction des moments et des besoins de la colonie. L'âge, mais aussi les phéromones produites par les larves et les autres membres du groupe, pilotent son évolution, allongeant ou raccourcissant ses missions. Par exemple, la présence importante de pollen dans les rayons inhibe sa collecte, mais en situation de carence protéique, les larves émettent une phéromone qui pousse des nourrices à devenir butineuses. Une fois le déficit comblé, elles redeviennent productrices de gelées nourricières.

À sa naissance, et durant les premiers jours, elle reste sur le cadre où elle est née. Sauf exception, elle nettoie les cellules, ses glandes hypopharyngiennes se développent dans sa tête et son thorax et elle se met alors à produire une gelée dite « royale », composée surtout d'acides aminés, à destination de la reine et des jeunes larves.

Au bout de quelques jours, ces glandes s'atrophient et ce sont les glandes cirières qui prennent le relais, permettant à l'abeille de produire de la cire. Surabondamment nourrie, celle-ci peut alors participer aux constructions des rayons et à l'operculation des cellules. Ces glandes seront actives quelques jours seulement, au plus une semaine.

Pour finir, l'abeille surveille l'entrée de la ruche, vole pour prendre ses repères, puis devient butineuse. Sa vie à l'intérieur de la ruche dure 3 semaines environ, puis se poursuit 3 semaines comme butineuse. L'été, l'abeille aura par conséquent parcouru un cycle de vie complet en 6 semaines, ce qui permet à la colonie de se renouveler rapidement pendant la belle saison.
Ce calendrier souffre cependant de nombreuses exceptions. Pour peu que la miellée soit surabondante, la durée de vie de l'abeille n'excédera pas 1 semaine hors de la ruche, et parfois guère plus dans ses fonctions de nourrice ou dans celles de cirière.
À l'inverse, dans une colonie très pourvue en miel en octobre, les abeilles juste nées n'auront pas d'autre activité que de consommer du pollen et du couvain ouvert. Leurs corps gras, équivalents du foie chez les humains, se renforcent alors et leur organisme cesse de vieillir. Elles resteront ainsi « jeunes » plusieurs mois, prêtes à fournir la gelée royale le moment venu pour le redémarrage de la ponte de la reine courant janvier.

HYGIÈNE ET SANTÉ DU RUCHER

Poursuivre le nourrissement

Poursuivre le nourrissement au candi, en y incorporant des protéines végétales pour renforcer les capacités d'élevage de la colonie. Ne pas hésiter à donner aux ruches qui présentent des signes de risques de maladie un demi-litre d'un sirop chaud (40 °C) 50-50 eau-sucre, que vous transporterez dans des bouteilles dans une glacière avec des accumulateurs de chaleur.

ATTENTION ! *Ce sirop ne peut être correctement consommé que si la ruche est équipée d'un couvre-cadre nourrisseur et si la colonie est populeuse ; dans ce cas, des abeilles se promènent par beau temps sur ce couvre-cadre. D'ailleurs, si l'on pose la paume de la main dessus, on sent qu'il est tiède, signe de l'importance de la population. Ce sirop sera consommé en quelques heures.*

Trophallaxie.

Surveiller le frelon asiatique

Le frelon prédateur *Vespa velutina* se reproduit dès février dans les régions chaudes, et le mois suivant ailleurs. Le mode de reproduction de toutes les espèces de guêpes et de frelons est identique. En fin d'été, les colonies produisent des femelles dont certaines seront fécondées. Passant l'hiver, la chaleur revenant, elles vont fonder de nouvelles colonies.
Bien des apiculteurs piègent dès février ces fondatrices. Ce qui n'est pas l'avis des entomologistes qui pensent plus efficace de piéger massivement aux alentours des ruchers attaqués, c'est-à-dire à partir de juillet seulement. Par contre, le repérage et la destruction des nids sembleraient avoir encore quelque intérêt. Les stratégies de lutte contre cet insecte et de protection des ruchers sont en évolution, on admet que son éradication est impossible. Se référer aux plans de lutte et de prévention mis en place dans les régions.

Les pics-verts affamés attaquent maintenant les ruches aux points de faiblesse de la ruche.

Le pic-vert

C'est le creux de l'hiver : les insectes manquent, le pic-vert a faim, il attaque les ruches.

Protections contre le pic-vert.

LE CONSEIL DU MOIS

Pour accompagner le renouvellement de la colonie en jeunes abeilles, on suggère de donner du sucre candi même aux colonies pourvues en miel. On préserve les réserves de miel indispensables pour chauffer l'abondant couvain fin avril, début mai en cas de coup de froid, à un moment où la présence des hausses interdit tout nourrissement.

Fin février.

Trempage des plateaux de sol dans un bain de lessive de cristaux de soude.

LES TRAVAUX AU RUCHER

Surveiller les colonies faibles

Des colonies trop légères (inférieures en poids à 14 kg en pesée arrière pour une Dadant 10 c avec un couvre-cadre nourrisseur en bois et un toit en tôle), les ouvrir, poser un pain de candi sans son emballage sur la tête des cadres là où sont les abeilles. Recouvrir le corps d'un film transparent ou à bulles un peu rigide, voire lui agrafer un morceau de couverture de survie. Bloquer le tout par le couvre-cadre nourrisseur posé à l'envers puis replacer le toit.

On en profite pour apporter un candi protéiné, à ce moment de l'hiver car l'élevage du couvain a repris. Le sucre est indispensable pour le chauffage du couvain (34-35 °C), les protéines pour la production des gelées nourricières. Ceci afin de permettre aux larves de se constituer les stocks de protéines dont elles auront besoin tout au long de leur existence.

Si la colonie meurt, retirer la ruche du rucher pour la désinfecter à la flamme d'un chalumeau. Inspecter les rayons, détruire ceux qui contiennent des abeilles mortes, vérifier l'état sanitaire. En l'absence de suspicion de maladie, ranger ces cadres à l'abri des teignes, ils serviront pour les essaims artificiels plus tard. Détruire tous les cadres suspects : mieux vaut remplacer ces cadres que de courir le risque de transmettre une maladie à d'autres colonies.

Déplacer les ruches

Lorsque la température n'est pas trop basse, aux alentours de 10 °C, on peut déplacer les ruches dans le rucher en prenant soin de ne pas les choquer pour disloquer la grappe le moins possible. Autrefois on préconisait de « brouetter » les ruches en février. Les « paniers » avec leur plancher de bois ou de pierre étaient posés sur une brouette. On faisait un tour de jardin, puis on remettait la ruche en place. Les secousses de la promenade disloquaient la grappe, et les abeilles en se remettant en place consommaient un surplus de miel, provoquant une accélération de la ponte de la reine.

Certaines années où des vandales renversaient mes ruches, je n'ai pas constaté de mortalité si je venais rapidement les remettre d'aplomb. Ces colonies riches en miel n'en avaient pas souffert. Pour preuve, elles présentaient, plus que les autres, un abondant couvain en mars !

À NOTER

Sur le registre d'élevage ou votre carnet de bord, pensez à noter vos observations. Il ne serait pas étonnant que les colonies mortes soient celles qui étaient pauvres en population et en réserves de miel à l'automne ou qui furent traitées contre varroa en fin d'été seulement. www.la-sca.net/spip.php?article198

LES TRAVAUX À L'ATELIER

Désinfecter corps et hausses

La désinfection annuelle des corps de ruche et des hausses est impérative, la prophylaxie des maladies est la seule réponse qui vaille. Aucun médicament n'est autorisé aujourd'hui contre les maladies, sauf les acaricides, mais les parasites ne sont pas des maladies. Ils en sont néanmoins de puissants vecteurs.
Une colonie malade, c'est une année de perdue. Pour l'apiculteur, la bonne santé de ses abeilles est donc l'objectif premier. Mettre la ruche sur des tréteaux, à plat sur un côté. Toutes les parties intérieures qui sont en bois seront systématiquement passées à la flamme d'un chalumeau, la cire et la propolis devant bouillir. Il faut gratter pour enlever toutes ces surépaisseurs, notamment dans les crémaillères. Laisser brunir le bois. Plateau de sol et couvre-cadre seront également traités. Cette action est gage de santé pour les futures habitantes. Le plateau de sol, lieu de rencontre des abeilles d'intérieur et des abeilles d'extérieur, est aussi le lieu des contaminations. Traiter à l'air libre, les vapeurs de propolis pouvant s'enflammer, il n'est pas certain qu'elles soient saines pour les bronches de l'apiculteur.

Désinfection à la flamme du chalumeau.

Désinfection dans un bain de paraffine à 150 °C.

NETTOYER LE MATÉRIEL

Brosse, matériel plastique, vêtements seront trempés dans une solution d'eau de Javel (300 ml de Javel à 2,6 % ca plus 1 l d'eau) sera d'une demi-heure.
Les matériels en plastique seront grattés et brossés pour évacuer les restes de propolis et de cire susceptibles de protéger des spores de loques.
Les rayons de hausses peuvent être désinfectés de la sorte, ajouter 5 % de liquide vaisselle pour mieux accrocher l'eau à la cire. Les rayons ayant contenu du couvain ne se désinfectent pas, on les détruit.
À NOTER : *l'eau de Javel diluée ne se conserve pas.*

LA BONNE PRATIQUE DU MOIS

Pour désinfecter le matériel métallique et en bois, utiliser le plus possible la flamme d'un chalumeau, c'est très efficace et rapide. Pour les éléments en plastique, leur immersion sera de quelques heures, voire quelques jours, dans un bac contenant de la lessive de soude (1 l pour 30 à 50 l d'eau).
Puis ils subiront un brossage ou un rinçage avec un nettoyeur haute pression terminé par un trempage dans un bac d'eau et de Javel.
Ils seront comme neufs.

PRÉPARER LES CADRES

Il est temps de confectionner des cadres pour le printemps. Ils seront conservés dans des caisses en plastique ou en carton à l'abri de la chaleur. Deux types de cadres sont utilisés couramment : les cadres filés et les cadres à jambage. Les cadres non filés tombent en désuétude vu le faible écart de prix avec les cadres filés.

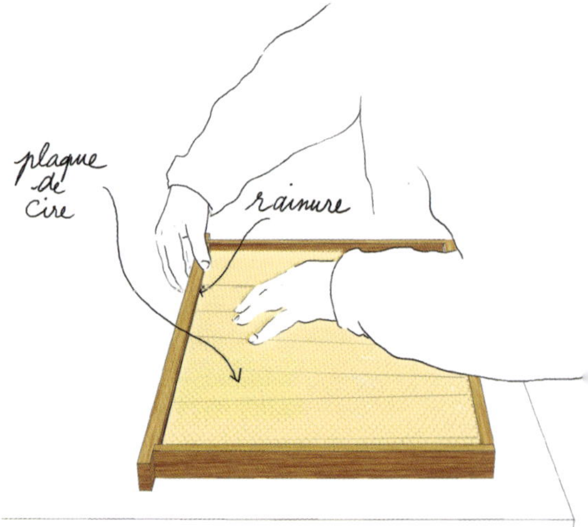

Les cadres filés à la verticale

Les cadres filés à l'horizontale ne sont plus d'actualité car trop consommateurs de temps pour les cirer. La plaque de cire gaufrée au format des cellules d'ouvrières est posée sur les fils. Avec un transformateur 12 v/60 va, mettre en court-circuit les fils 2 par 2, ils s'échauffent et s'incrustent dans la cire. Le coup de main pour éviter de les voir traverser la cire est à prendre.

Tenue à la verticale, la plaque de cire n'a pas besoin d'être soudée dans la tête du cadre pour tenir en place. On gagne ainsi le temps d'une opération délicate.

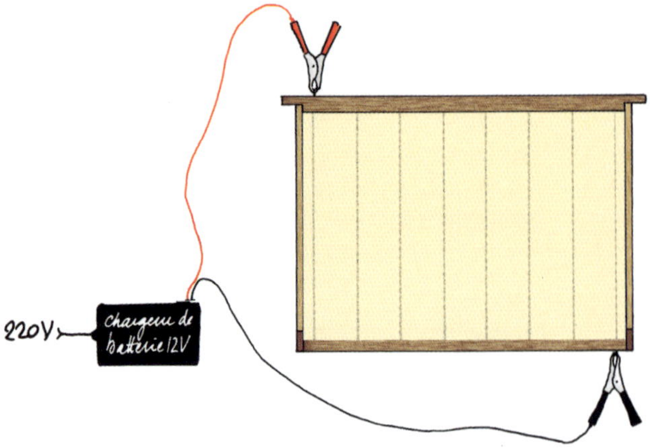

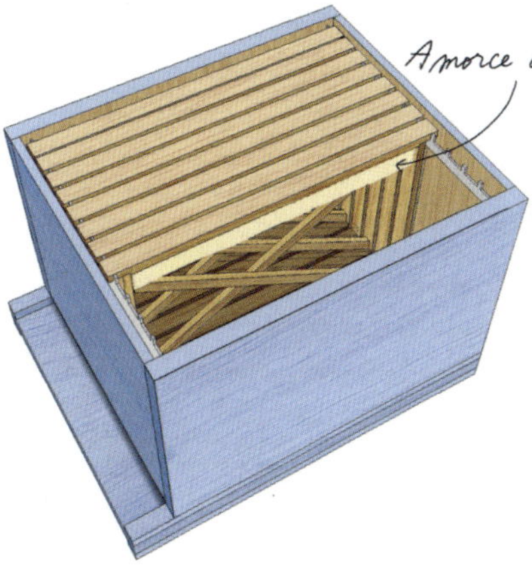

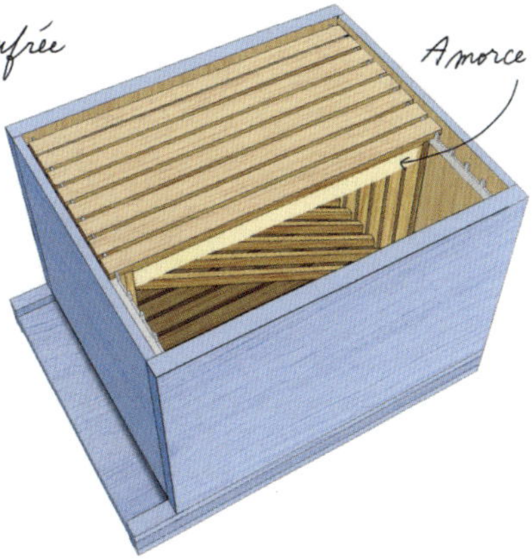

Les cadres à jambage

Ces cadres au format ordinaire sont équipés d'une traverse de bois de 2 mm inférieure à la largeur des montants, clouée dans la diagonale allant d'un montant à l'angle inférieur opposé du cadre. La traverse est placée environ 4 cm en dessous de la tête du cadre. On fixe dans la rainure de la tête du cadre une lame de cire gaufrée de 15 à 20 mm de hauteur pour indiquer aux abeilles l'ordre de construction du rayon. Se contenter de couler un filet de cire fondue avec une burette à cire suffit le plus souvent.

Burette à cire

BIEN CHOISIR SON CADRE

Ces cadres cirés ne feront l'objet d'aucune précaution spéciale, les teignes ne s'intéressant pas aux cires neuves exemptes des protéines qu'elles recherchent ; elles n'apparaîtront de toute façon pas avant mai. Pour les ruches Warré, vous préparerez soit des cadres classiques, disponibles chez de nombreux fournisseurs, comme le recommande Marc Gatineau, soit des barrettes équipées de deux lattes verticales, selon le modèle développé par Gilles Denis. Ces barrettes seront particulièrement utiles lors des manipulations des rayons de couvain. Fendues d'un coup de scie circulaire à onglet, on leur met un tout petit morceau de cire gaufrée de quelques centimètres de long et de large. Cela suffit pour indiquer aux abeilles le sens de la construction.

POLÉMIQUE SUR LES CIRES GAUFRÉES

Les cires gaufrées sont des cires issues du recyclage des cires apportées aux ciriers par les apiculteurs. On ne sait évacuer de ces cires ni les formes de résistance des maladies ni les produits chimiques entrés dans la ruche (pesticides, fongicides, acaricides issus du butinage ou des traitements contre varroa).
On constate des dépérissements de couvain liés à ces intrants clandestins contenus dans les cires. Une solution pour limiter ces désordres est de réduire l'usage de la cire en développant les cadres à jambage ou les cadres classiques partiellement cirés. Un peu plus consommateur de temps « abeille » et de miel que le cadre ciré, le cadre à jambage est économique. Il prend peu de temps « apiculteur » pour sa confection, est indéfiniment réutilisable et permet de faire des suppressions de couvain de mâle. Bien que plus fragile que les cadres filés, s'ils sont bien construits, les cadres de hausses n'explosent pas dans l'extracteur.

MARS

Les jours qui rallongent vite, l'équinoxe en fin de mois annonce le printemps. De belles journées sont possibles dans la plupart des régions ; les colonies accélèrent l'élevage du couvain et les premiers travaux au rucher démarrent vraiment. Dans le Midi, il est déjà envisageable de réaliser des essaims artificiels avec des reines de l'an passé conservées en nucléis. Ailleurs, c'est souvent encore un peu l'hiver et de grands froids sont toujours possibles, restreignant fortement le travail des colonies.

LA MÉTÉO DU MOIS

Le mois de mars est celui des extrêmes. Les très grands froids sont en principe finis, mais il faut encore se méfier des gelées. Les jours, plus longs, bénéficient davantage de la chaleur du soleil mais la pluie est fréquemment au rendez-vous et, si le gel en principe n'est plus régulier, les giboulées peuvent encore provoquer des surprises.
Les abeilles sortent de plus en plus souvent et rentrent avec du pollen sur les pattes.

LES FLORAISONS

Abondants bien que parfois peu nutritifs, les premiers pollens sont les bienvenus. À cette période, ils proviennent principalement des noisetiers, des amandiers (dans les zones plus au nord que ses régions de prédilection), des buis, des saules marsault riches en nectar et en pollen, des ficaires, des hellébores, des prunelliers.
Dans les régions méditerranéennes, tous les fruitiers sont déjà en fleurs, la nature explose.
Les années à hiver froid, les fleurs de février n'arrivent qu'en ce mois de mars.
On retiendra également pour leurs pollens l'aulne glutineux, le peuplier Baumier et le Grisard ainsi que le cornouiller à bois dur. Dans les petits fruits, on trouve les cassissiers, et, parmi les plantes sauvages, la pétasite officinale ainsi que la petite pervenche.

Hellébore.

Amandier.

Prunellier.

Abeille sur couvain ouvert.

Abeilles sur couvain fermé.

LA VIE DE LA COLONIE

La colonie se développe rapidement

La chaleur du soleil et l'allongement des jours permettent à la ruche de s'échauffer de plus en plus. La grappe s'étend, les abeilles occupent sur les rayons des surfaces toujours plus grandes, elles consomment miel et pollen en quantité. Bien nourrie, la reine étale généreusement sa ponte.

Au milieu du mois, il est normal de trouver dans les ruches trois grands cadres couverts de couvain. Cela signifie que le renouvellement de la colonie est bien amorcé.

Les années à hiver chaud, les colonies ont démarré un mois plus tôt et elles sont, mi-mars, sur six cadres de couvain. C'est la plupart du temps la situation normale en Provence.

Le vol de propreté

Après une longue période de claustration, les abeilles sortent pour se délester de leurs déjections, elles volent en stationnaire devant la ruche en effectuant de grands cercles, c'est aussi pour elles une manière de faire des repérages pour de futurs vols « longue distance ».

BIOLOGIE DE L'ABEILLE

Des besoins en pollen et en nectar

Les larves ont besoin de protides, de lipides et de sels minéraux pour constituer leur organisme, elles les trouvent dans des composés sous forme d'acides aminés dont le pollen est largement à la source. Celui-ci est important pour l'équilibre de l'abeille, à qui il apporte notamment une partie des « corps gras » qui contribuent à son équilibre. Ce sont en effet de grands régulateurs. Abondants, ils permettront à l'abeille d'être une bonne productrice de gelée royale et de cire, sa durée de vie en sera fortement prolongée. Que ces corps gras soient pauvres, elle sera mauvaise cirière, fragile face aux maladies, et sa durée de vie plus courte. Ces corps gras ont également une importance déterminante pour la survie hivernale et leur constitution chez les jeunes abeilles d'hiver dépend des quantités de pollen consommées en septembre-octobre.

DES PONTES TOUTE L'ANNÉE

Il arrive que la reine ponde en automne et même en hiver. Dans les colonies les plus fortes, on trouve ainsi de toutes petites plaques de couvain durant les mois les plus froids. Ceci assure le renouvellement des jeunes abeilles et accroît le nombre des nourrices qui produit un démarrage rapide du couvain très tôt en hiver, mais maintient le varroa en nombre dans ces colonies malgré les traitements d'automne.

Belle ruchette début mars en plein développement.

Le « pain des abeilles »

Lorsque le pollen arrive en très grande quantité, il est stocké dans des cellules entourant le couvain avec un peu de nectar. Les enzymes et les bactéries apportées par la salive de l'abeille provoquent une fermentation de type lactique qui assure la conservation du pollen sur la très longue durée. La littérature scientifique permet de penser que cette fermentation améliore un peu les qualités nutritives du pollen, mais n'est pas nécessaire à sa bonne digestibilité. Les abeilles lui préfèrent d'ailleurs le pollen frais à tel point que certaines années riches en ressource alimentaire, le pollen de printemps peut être présent toute la saison dans les rayons et servir au mois de janvier de l'année suivante.

Le nectar, quant à lui, apporte le sucre, « carburant » nécessaire au bon fonctionnement de l'organisme des abeilles. Son abondance dans la colonie provoque une suractivité et il permet la production de chaleur des échanges entre les abeilles qui nourrissent de plus en plus la reine, entraînant celle-ci à « pousser » sa ponte.

Pain d'abeilles.

Les travaux de Bernard Vaissière de l'INRA ont montré que les pollens issus de plantes traitées avec des fongicides systémiques ne subissaient pas de transformation par fermentation et devenaient peu intéressant. Les colonies présentent des carences en protéines alors que le pollen est présent.

Pelotes de pollen dans les corbeilles des pattes arrière.

Larves.

La reine et sa cour.

Pollen et nectar vont ainsi de pair dans l'alimentation de la colonie, les déséquilibres provoquant des carences préjudiciables au développement des larves. Ainsi, lorsque l'apport de pollen est insuffisant, les abeilles produisent de la gelée royale en moindre quantité et les larves à naître, moins bien nourries, seront plus sensibles aux maladies et leur durée de vie sera raccourcie. Et lorsque l'apport de nectar diminue, les abeilles ne produisent plus de gelée royale ni de bouillies, la ponte de la reine chute immédiatement, la colonie régresse peu à peu en volume.

La production de faux-bourdons

Les abeilles en gestation sont de plus en plus nombreuses, la production des mâles démarre. Issu du même ovule que l'ouvrière, le faux-bourdon naît d'un ovule non fécondé. Sa gestation dure 24 jours et il lui faut au moins 3 semaines après sa naissance pour être fécond. Il n'use de sa capacité à féconder une reine qu'une fois dans sa vie, car il en meurt. Les bourdons sont en fait très peu nombreux à participer aux fécondations. Mal connu, leur rôle semble important : ils produiraient de la chaleur sur le couvain. Lors de la régression du couvain, au moment où les disettes apparaissent, les abeilles chassent les bourdons des ruches, ce qui entraîne leur mort.

En temps ordinaire, les bourdons sortent des ruches au moment du plus fort ensoleillement. Ils peuvent voler très haut, se laisser porter par le vent et redescendre pour chercher une colonie où entrer. La plupart du temps, ils sont acceptés. Cette particularité participe du brassage génétique, indispensable au maintien de populations d'abeilles capables de faire face aux modifications écologiques.

La fécondation de la reine

La reine est fécondée dans les dix premiers jours de sa vie par 10 à 30 mâles. La fécondation a lieu au cours des différents vols nuptiaux. L'accouplement se déroule en plein vol, le sexe du bourdon pénètre la reine et casse, le bourdon en meurt. La reine revient ensuite à la ruche. Si besoin, les abeilles la débarrassent alors du sexe du bourdon, appendice devenu inutile. Puis elle repart pour un nouvel accouplement, chaque vol durant en moyenne 6 minutes.

HYGIÈNE ET SANTÉ DU RUCHER

Les mortalités massives de fin d'hiver

En mars, il n'est pas rare d'observer des mortalités importantes de colonies. Populeuses en octobre, toujours en vie au début de l'hiver, elles disparaissent brusquement entre février et mars, malgré des réserves de miel non consommées. L'origine en est essentiellement le varroa mais ne sont pas à exclure la nosémose, les viroses... On incrimine un affaiblissement général des colonies par l'effet néfaste des pesticides sur la durée de vie des abeilles d'hiver, ce qui est tout à fait avéré dans les zones de grandes cultures. Mais le varroa agit puissamment en ce sens, de même que des pratiques apicoles inadéquates. C'est le cas des colonies nourries tardivement qui hivernent avec des abeilles vieillies prématurément.
Pour la bonne santé des colonies, il est donc essentiel de bien adapter les nourrissements d'été destinés aux stocks pour l'hiver.

ATTENTION ! *Protéger la santé des abeilles d'hiver par des nourrissements massifs en été, immédiatement après les récoltes, fin juillet au plus tard.*

LUTTER CONTRE VARROA

L'acarien varroa est une des causes importantes des mortalités hivernales. Au lieu de survivre d'octobre à avril, nombre d'abeilles meurent avant fin février. La lutte contre cet acarien est vitale et débute en mars.

Pour piéger une partie des varroas phorétiques*, mettre de chaque côté du nid à couvain, après le premier cadre jouxtant le couvain un cadre de hausse bâti ou un cadre à jambage. Les abeilles construiront en dessous un rayon riche en cellules de mâles. Une fois pondu et operculé, couper et détruire ces rayons surnuméraires. L'opération se fait au minimum deux fois les bonnes années. On abaisse la pression du varroa d'environ 25 %. Mettre une punaise sur la tête de ces cadres permet de les repérer aisément.

Le rayon de mâles qui sera construit sera détruit fin avril.

LES TRAVAUX AU RUCHER

Nourrir pour stimuler la colonie

En mars, pour soutenir et accroître le volume de la colonie, vous pouvez lui apporter jusqu'à un demi-litre de sirop chaud à 40 °C, que vous verserez sur le couvre-cadre nourrisseur. Cela accélère la ponte de la reine.

MON CONSEIL : *Cette opération ne doit être effectuée qu'à partir du moment où de très nombreuses abeilles apportent du pollen de couleurs variées, ceci afin d'éviter le déséquilibre entre la ressource en nectar et celle en pollen. Ne faire cette opération de préférence qu'une seule fois, sous peine d'engendrer l'essaimage dans un mois.*

Installer des abreuvoirs

Très tôt en saison, les abeilles vont chercher de l'eau pour produire la gelée royale et, plus tard, pour rafraîchir la ruche. Mis trop tardivement, les abreuvoirs ne seront pas visités, ce qu'oublient beaucoup d'apiculteurs.

Changement du plateau de sol.

Lève-ruche Scalapi pour Warré. Ajout d'un élément entre deux étages.

À SAVOIR

Un apport de sirop inapproprié en volume se traduit souvent par des déjections devant le trou de vol et sur la face avant de la ruche. Cette dysenterie disparaît rapidement dès que l'on arrête le nourrissement.

Placer les abreuvoirs dans un endroit ensoleillé (les abeilles aiment l'eau tiède, elles ne prennent pas l'eau à une température qui les engourdirait...), à l'abri du vent et hors du passage des abeilles dans leur champ d'envol pour éviter que leurs déjections ne les souillent. Renouveler l'eau régulièrement et y ajouter 2 g/l de sel de cuisine.

Changer le plateau de sol...

Changer le plateau de sol se fait par beau temps. C'est la première opération de prophylaxie au rucher, mais c'est également une source importante d'information.

Il est plus facile de le faire à deux : après un bon enfumage de l'entrée, on décolle le plateau avec le lève-cadre, l'un des apiculteurs soulève la ruche (relativement légère à cette époque), l'autre enlève le plateau et en glisse un propre à la place. Il faut positionner ensuite correctement le corps sur le plateau et recaler le tout.

Si vous effectuez l'opération seul, il importe de disposer d'un second support de ruche à proximité. Poser le plateau propre sur ce support, enfumer l'entrée de la ruche, décoller le plateau de sol ancien et reposer la ruche sur le nouveau plateau voisin. Un décalage de 1 m ne porte aucun préjudice à la colonie. Divers outils permettent de le faire seul sans porter la ruche.

... et l'examiner

Les déchets accumulés donnent des indications précieuses sur l'état de la colonie.

- *Situation normale*

- Les débris de cire sont fins, bien alignés en rangées parallèles qui suivent les cadres (c'est le signe que la colonie a parcouru plusieurs cadres à la recherche de miel). Plus le nombre des rangées est important, plus les abeilles sont nombreuses.
- Quelques abeilles mortes sont visibles.
- Sur les plateaux de sol totalement étanches, on constate la présence d'un peu de boue. En consommant du miel, la colonie dégage en effet d'importantes quantités d'humidité qui condensent sur les parties froides de la ruche. Les rayons moisissent dans le bas, ce qui les fragilise et les fait rapidement vieillir. On pallie cet inconvénient en utilisant des plateaux de sol totalement grillagés ou en provoquant un courant d'air, en écartant le corps de ruche du plateau de sol par une cale de 5 mm posée dans chaque angle.

• *Situation inquiétante*

- Les débris de cire sont très importants, gros, souvent en tas sur toute la surface du plateau. Ce peut être le signe d'un intrus qui aurait niché tout l'hiver. À l'ouverture, il n'est pas rare de découvrir de nombreux rayons rongés et perforés, parfois même un nid qui y a été construit.
  Autre signe : des traces de « paille » (du moins c'est ce que l'on peut croire dans un premier temps), qui sont en fait des restes d'abeilles mortes... Bien installé au chaud sur le plateau de sol, le prédateur (souvent un lézard) a mangé régulièrement des abeilles. Ce problème peut être résolu en utilisant des plateaux de sol totalement grillagés, le froid empêchant les intrus de s'installer.
- D'importantes quantités d'abeilles mortes sont visibles, elles supplantent en volume les débris de cire. Dans ce cas, la colonie est probablement morte de faim, ce qui sera confirmé ultérieurement par l'absence totale d'abeilles vivantes.
- Des abeilles rognées, des morceaux de feuilles, des débris de ficelle, de coquilles de fruits de tilleul... feront penser à une musaraigne qui a niché là, la réduction des entrées de ruches ayant été trop tardive.
- Des abeilles mortes en masse, de la pourriture, une odeur âcre... À tout ce qui précède s'est ajoutée une maladie. Si la colonie a complètement disparu, une désinfection de l'ensemble s'impose au plus vite et tous les cadres devront être brûlés.
- Rien de tout cela, mais des déjections brunes en quantité, peut-être même devant la ruche si on peut les voir, ou sur la planche d'envol, ou encore sur la face avant de la ruche, et une odeur de pain frais qui s'en dégage. Soit il s'agit d'une dysenterie, due à un nourrissement liquide inapproprié ou à la présence de miels de miellat qui sont indigestes pour les abeilles, soit il y a suspicion de nosémose, maladie de l'abeille adulte pour laquelle nous n'avons plus de médicament pour l'instant. Un hiver long et un site humide favorisent son développement. En l'absence de traitement, un rucher dans un endroit bien sec, des colonies fortes à l'automne et un nourrissement de qualité pour l'hiver seront les bonnes réponses préventives. En cas de doute, demandez conseil à un technicien sanitaire apicole (TSA*) *via* la DD(CS)PP ou votre GDSA.

Plateau de sol normalement sale en fin d'hiver.

Plateau de sol très sale : la ruche est à surveiller.

Abeilles mortes rongées par un squatteur d'hiver.

Changement du plateau de sol, position si l'on opère seul.

LES BONS RÉFLEXES

Pour chaque colonie, notez le nombre de cadres :
- occupés par les abeilles
- de miel
- de pollen et de miel
- de couvain.

D'une année sur l'autre, si vos notations sont régulières, vous découvrirez que le nombre des cadres de hausse pleins de miel lors de la récolte sera toujours proportionnel à celui des cadres de couvain à cette date. La force d'une colonie se mesure au nombre de cadres de couvain à cette époque de l'année.
La surface de couvain s'apprécie simplement en mesurant le nombre de mains qu'il représente. Une méthode précise est proposée par l'INRA COLEVAL.

Début mars, flaque d'eau visitée par les abeilles = les colonies élèvent beaucoup de couvain.

La visite de printemps

Traditionnellement, cette « inspection générale » s'effectue peu après les changements des plateaux de sol, lorsque la chaleur permet de laisser les colonies ouvertes un peu plus longuement (T° > 15° C).
Si le temps n'est pas assez chaud en mars, il faut cependant impérativement repousser la visite de printemps en avril. C'est en effet une très grande perturbation pour la colonie, que l'on compensera éventuellement par un apport de sirop chaud (1/2 l).
La visite permet entre autres de mesurer la surface du couvain, d'apprécier la force de la colonie et la qualité de la ponte de la reine. Mais également de changer les corps trop englués de propolis, de mettre des matériels propres et désinfectés, de remplacer les cadres trop usagés, d'ajouter des cires neuves...
Cette visite peut éventuellement être la seule de l'année, en revanche il faut savoir qu'elle est absolument indispensable. Aucun apiculteur ne peut en effet se passer de ce travail, qui permet d'apprécier en début de saison la qualité et la force des colonies.

Compter les abeilles

Avant toute chose, vous devez vérifier l'abondance du nombre d'abeilles. Difficile à estimer, certes, mais on y parvient cependant en regardant le sommet des cadres avant tout enlèvement. On ne compte pas les abeilles, on utilise un indicateur de leur volume potentiel.
Voir des abeilles en rang serré au niveau de la tête des cadres vous permet ainsi d'estimer le nombre de cadres occupés par la grappe. Cette indication suffit pour apprécier la situation et, par comparaison avec d'autres ruches, la taille de la colonie. On améliore l'observation en regardant la taille de la grappe d'abeilles sous les cadres, opération aisée en divisibles Voirnot ou Warré.

Centrer le nid à couvain

Il n'est pas rare d'observer que la colonie s'est calée du côté où le soleil donne tôt le matin. Pour la recentrer, il convient de placer le nid à couvain au milieu de la ruche, en équilibrant de part et d'autre le nombre des cadres bâtis et cirés. La reine aura ainsi tout loisir de développer sa ponte de chaque côté du nid à couvain.

Observer la colonie

- *Situation normale*

- À ce moment de l'année, on doit trouver des colonies qui occupent 3 cadres de couvain. Certaines années, j'ai repéré chez moi jusqu'à 6 cadres.
- Le couvain doit être régulier, serré. Plus les surfaces sont grandes, plus la colonie sera forte, puissante, saine.
- Lorsque les plaques de couvain sont régulières, avec un couvain soit totalement fermé soit totalement ouvert, c'est que la ponte est récente. Lorsque plusieurs cycles de couvains se sont succédé, on observe une alternance entre des cercles concentriques de couvain ouvert et de couvain fermé.

Abeilles en masse sur le couvre-cadre début mars = très belle colonie.

- *Situation inquiétante*

- Si la colonie occupe moins de 3 cadres, elle est chétive et ne sera sans doute pas productrice de miel pour l'apiculteur, ni bonne constructrice de rayons. Est-ce le fait d'une reine entrant dans sa 3e année ? Ou le fait d'une reine peu féconde de par sa constitution, ou rendue peu fertile du fait des traitements chimiques contre le varroa, ou encore malade ou parasitée... ? Quoi qu'il en soit, vous devrez surveiller attentivement cette colonie. À défaut de miel, elle peut fournir quelques cadres d'abeilles ou de couvain pour d'éventuels essaims artificiels à venir.
- Une dispersion du couvain dite « en mosaïque » peut faire suspecter une atteinte de loque. Des cellules non operculées en surépaisseur avec une larve verticale visible, qui est morte ou en passe de l'être est le signe de petites teignes qui pondent au fond des cellules. En retirant la larve avec une pince à épiler, on trouve des traces noires à l'autre bout, ce sont les déjections des teignes.
- Plus d'abeilles, pas de trace de couvain et encore du miel ? Cela arrive, plus souvent qu'on ne le pense. Parmi les causes possibles, la plus évidente (et sur laquelle l'apiculteur sera vigilant) est un nourrissement trop tardif, qui a fait vieillir les abeilles prématurément. L'hivernage d'abeilles vieillies conduit à une impossibilité de redémarrage du couvain tôt dans l'hiver et à la disparition inexorable de la colonie par mort... naturelle. Ce point conduit à une action de nourrissement spécifique à mener en juillet sur tout le rucher.

Un couvain pondu sur toute la surface du cadre, beaucoup de larves absentes = suspicion de maladie ou d'un défaut de la reine.

Matériel de marquage des reines.

RENFORCER UNE COLONIE

Plutôt que de risquer une infestation par un cadre de couvain malade, secouer des abeilles présentes sur des cadres de couvain en provenance d'une ruche très forte. Les maladies des abeilles adultes sont moins dangereuses que celles du couvain. Une goutte d'huile essentielle d'eucalyptus sur la tête d'un cadre assure une bonne acceptation des abeilles.

Ne réunir que des colonies de qualité. Deux populations dynamiques font une « dream team », deux malingres un hospice. Toutes les colonies d'un même rucher fonctionnent en synchronie, celle qui claudique sera inefficace toute la saison.

• *Marquer la reine*

Si vous trouvez la reine, vérifiez la couleur de son année de naissance, sinon marquez-la de la couleur de l'année précédente. Un marquage systématique des reines permet d'en connaître exactement l'âge et donc de déterminer le moment de leur remplacement. À moins que les abeilles ne l'aient fait à notre insu.

Équilibrer les colonies

Vous constaterez probablement que des colonies sont très riches en cadres de couvain, et d'autre plus chiches. Si le temps s'y prête, vous pouvez avoir intérêt à échanger des cadres de couvain fermé entre deux colonies. Vous équilibrerez ainsi les colonies en les ramenant à un même nombre de cadres de couvain ouvert ou fermé. Prenez les cadres sans abeilles dessus.

Quelque temps après, si le développement des colonies n'est pas homogène, vous pouvez repérer les mauvaises reines et les changer de manière prioritaire. Mais cette opération n'est à faire que si vous êtes certain de ne pas avoir de maladie du couvain dans les colonies, sinon c'est l'infestation générale.

Réunir un essaim de l'année précédente avec une ruche de production

Si vous avez pris soin de faire hiverner des essaims artificiels sur 5 cadres, vous pourrez les réunir en fin de mois avec des ruches de production. Cette opération sera aussi l'occasion de renouveler le matériel. Voici la marche à suivre :

- apportez une ruche désinfectée, équipée de 2 cadres montés de cires neuves placées en rive, accompagnés de 2 cadres de hausse bâtis pour le plan anti-varroa (mettre une punaise sur la tête de ces cadres permet de les retrouver ultérieurement) ;
- posez-la à la place de la ruche de production à réunir ;
- sortez les cadres un à un. Pulvérisez de l'eau parfumée sur les deux faces pour brouiller les odeurs ;
- mettez au centre de la ruche tous les cadres de couvain (avec leurs abeilles) issus de la ruchette. Vérifiez bien la présence de la reine et son marquage ;
- installez de part et d'autre (de manière équilibrée) les cadres de couvain avec leurs abeilles de la ruche de production, puis les cadres de pollen issus des deux colonies. Terminez si besoin par des cadres de miel. Recherchez la reine âgée et supprimez-la ;
- stockez les cadres vides surnuméraires.

Cette colonie sera constituée de deux cires neuves à bâtir, de deux cadres de hausse bâtis dans lesquels la reine viendra pondre en son temps. Sous ce cadre, les abeilles construiront un rayon composé essentiellement de cellules à mâles. Ce sera un excellent piège pour les varroas.
Vous disposerez ainsi en un minimum d'opérations d'une ruche de production puissante, avec de deux à quatre rayons neufs, pour laquelle la pression démographique du varroa sera réduite.

Très beau couvain operculé.

Stimuler les colonies d'élevage des reines

Pour les futurs élevages de reines, stimulez par un nourrissement unique les colonies des lignées que vous souhaitez voir produire des bourdons. Les colonies éleveuses feront l'objet d'une stimulation un mois plus tard environ. On cale ces stimulations sur la date à partir de laquelle on fera de l'élevage.
Cette date, notée J (jour du picking), définit le calendrier des interventions : à J - 45 jours, stimuler les colonies pour fournir les mâles ; à J - 25, stimuler la ruche souche dont les larves fourniront les reines et qui servira d'éleveuse ; à J, procéder au greffage des larves ; et à J + 11, disposer les cellules de reines prêtes à naître.

Et toujours aussi...

Pensez à bien tenir la fiche signalétique de chacune de vos colonies. La surface de miel comme celle du couvain s'estime en cadres complets ou sur la moitié ou le tiers d'une face ou de deux faces... mais aussi en « surface de main » ! Chacun choisira son outil de mesure. Un repérage approximatif mais toujours conduit de la même façon donne des indications précieuses qui participent grandement à l'expérience de l'apiculteur.

LES COMPLÉMENTS ALIMENTAIRES

N'utilisez que des produits aux qualités contrôlées par des études. Nombre de formules qui circulent sur Internet ne sont pas validées et peuvent introduire dans le miel des composants douteux.

Noter sur votre registre d'élevage les noms et adresses des fournisseurs de sucre, sirops, et compléments alimentaires.

LA BONNE PRATIQUE DU MOIS

Le nourrissement doit être fait uniquement avec des sucres de qualité (saccharose pur) en excluant les mélasses, les résidus industriels... Les compléments alimentaires seront spécifiques pour l'apiculture ou autorisés en alimentation humaine. N'utiliser que de l'eau potable distribuée par les compagnies et exclure impérativement les eaux de pompage et de récupération de pluie.

À SAVOIR

Il est plus prudent de ne jamais utiliser de miel pour le nourrissement. Si vous le faites malgré tout, utilisez exclusivement le miel de votre rucher.

COMMENT VISITER UNE RUCHE ?

Vous pouvez opérer entre 10 et 16 h, lorsque le temps est beau, chaud et calme, ce qui sous-entend une pression atmosphérique élevée (les abeilles étant agressives en pression atmosphérique basse). L'outil de base est le lève-cadre. Au choix : un gros tournevis, arrache-clou/ grattoir dit « lève-cadre américain » ou, mieux encore, un levier avec un côté grattoir et un côté pied-de-biche, qui permet de décoller les bords des cadres ou des rayons le long des caisses.

1

Enfumer abondamment le trou de vol de trois coups de soufflet.
pour chasser les gardiennes vers l'intérieur et provoquer le gavage de miel dans la colonie. Alourdies et repues, les abeilles sont moins agressives. Attendre une dizaine de secondes.

2

Soulever le plateau couvre-cadre ou la toile, et enfumer un peu.
Bien refermer. Placer à portée de main la pince à reine. Quelques secondes plus tard, enlever le plateau et l'inspecter pour voir si la reine ne s'y trouve pas, puis le déposer à l'envers sur le sol.

À SAVOIR

- Il faut éviter une trop grande perturbation de la colonie, sa réorganisation pouvant demander plusieurs jours.
- Attention également à ne pas écraser d'abeilles, à ne pas provoquer de craquements, à sortir les cadres très doucement et à enfumer brièvement chaque fois que, par leur sifflement ou leur attitude, les abeilles manifestent leur agressivité. Une bonne manière d'apprendre à ouvrir correctement une ruche est d'ailleurs de le faire à mains nues. Les abeilles se font ainsi mieux respecter et l'apprentissage de l'apiculteur n'en est que meilleur.
- Le 1er et le 10e cadre peuvent être des partitions peu occupées par les abeilles, aisée à ôter. L'ouverture est plus calme.

Lève-cadre type « Nicolas » fer plat de 20 mm, épaisseur 4 mm, longueur 33 cm, taillé à la scie, aplati et le bout recourbé à chaud. Un modèle de 50 cm est utile pour décoller le bas des cadres.

3

Gratter tous les ponts de cire entre les cadres.

4

Enlever la partition et le 1er cadre, l'inspecter rapidement, le poser sur le porte-cadre ou dans une boîte à cadres.

Sortir un à un tous les autres cadres et les inspecter soigneusement pour rechercher la reine. Les reposer dans la ruche, dans l'espace libéré. Bien veiller à opérer en plaçant les cadres inspectés au-dessus de la ruche pour éviter à la reine de tomber au sol. Bien respecter également l'ordre des cadres et ne pas bousculer les abeilles car elles se déplacent peu dans la ruche et vivent longtemps sur les cadres où elles sont nées (elles vivent en groupe de sœurs).

À SAVOIR : *Si la reine n'a pas été vue à l'aller, ce sera au retour lors de la remise en place des cadres. À cette époque, les populations sont petites, la reine se trouve facilement. La prendre dans la pince à reine et la marquer.*

TENIR COMPTE DES RÉGIONS

La visite de printemps est possible dès février sur le littoral méditerranéen, mais seulement à partir d'avril de la Lozère au Nord de la France ; et encore, en plaine seulement. À partir de 1 000 m d'altitude, ce ne sera que début mai. La brièveté de la saison apicole en montagne conduit d'ailleurs les apiculteurs à transhumer leurs ruches en plaine pour les faire démarrer puis, une fois populeuses, à les monter début mai sur les zones de miellées, suivies en transhumant les ruches mois après mois.
Dans bien des régions, mars reste la plupart du temps un mois très froid et pour lequel le travail de l'apiculteur auprès de ses ruches se limite à l'apport du candi.

AVRIL

En avril, l'apiculteur entre en pleine saison apicole et ne doit pas tarder à intervenir de façon importante, car le temps va vite passer désormais. Or, il s'agit tout à la fois d'accompagner les colonies dans leur développement, pour aboutir dès la fin du mois à une première récolte, et de préparer les populations pour qu'elles produisent de façon satisfaisante l'année suivante.

LA MÉTÉO DU MOIS

« Caprices d'avril font tomber les fleurs, et trembler les laboureurs », dit le dicton que les apiculteurs peuvent s'approprier, car des froids brefs mais intenses sont encore possibles un peu partout. Variable et changeant, avril s'avère parfois un mois superbe pour les colonies, tiède et humide, avec des floraisons qui se prolongent, ou à l'inverse décevant, avec des pluies qui tuent rapidement les floraisons, en particulier celles des fruitiers.

Cerisier en fleur.

LES FLORAISONS

Les deux mois à venir sont ceux des floraisons les plus importantes de l'année. Elles détermineront le bon développement des colonies et présageront des récoltes futures.
Les abricotiers fleurissent tôt dans la saison, suivis plus tard par les autres fruitiers : pruniers, pêchers, cerisiers, griottiers, pommiers, poiriers...
À signaler également, la floraison des merisiers, prunus, érables, magnolias, mahonias... Mais aussi l'arbre de Judée, les érables, les frênes et l'argousier pour son pollen jusqu'en mai, ainsi que les groseilliers et le caragna.
Du côté des cultures annuelles, le colza sera la première grande miellée, qui peut s'étaler sur une longue période pouvant atteindre un mois. C'est une abondante source de nourriture pour les abeilles, avec un nectar et un pollen de qualité qui feront exploser les colonies. Les années précoces, le colza entre en fleurs dès la seconde quinzaine de mars, offrant déjà fin avril une première récolte possible sur les plus belles colonies. On peut récolter au minimum 15 kg par ruche, ou plus encore selon la force des colonies.
Selon les régions et les espèces, le colza produira des fleurs jusqu'en août. Citons également les pissenlits, qui donnent en abondance nectar et pollen jusqu'en août. Leur floraison (malheureusement mise à mal par les tondeuses dès les premiers beaux jours...) est impressionnante, elle échappe souvent à notre attention apicole. On prête au pissenlit la capacité de fournir 200 kg de miel à l'hectare.
La luzerne jaune lupuline fait également son apparition, elle fleurit jusqu'en octobre, mais sera hélas, elle aussi, souvent fauchée avant floraison.

Colza.

Les floraisons industrielles sont très souvent traitées avec des produits phytosanitaires systémiques. Les pollens et les nectars sont porteurs de traces qui altèrent le développement des couvains, raccourcissent la durée de vie des colonies, détériorent les facultés cognitives des butineuses et des éclaireuses.

Pollen coloré, couvain nacré.

Les trois habitants de la ruche sont présents : une reine, quelques mâles, beaucoup d'abeilles.

LA VIE DE LA COLONIE

Le couvain croît rapidement

En avril, le couvain explose, son développement suit à la fois la quantité de nourriture apportée par les butineuses et la durée de l'ensoleillement. Ce couvain culminera au solstice d'été, puis amorcera une décrue jusqu'en décembre. En effet, au solstice, ensoleillement et chaleur sont encore là, mais les grandes floraisons printanières sont passées, ce seront les floraisons des tilleuls, ronces, lavandes, châtaigniers qui feront le miel d'été.

Réguler le développement des populations

Au trou de vol, on observe de nombreuses abeilles pollen aux pattes. Un vol incessant d'abeilles, qui entrent et sortent de la ruche, constitue également un bon signe de vitalité de la colonie.

À cause de l'explosion des populations, les productions de gelée royale et de cire sont très importantes à ce moment de l'année, et elles vont le rester durant les deux mois à venir, tant que le nectar sera conséquent et que les nourrices et les cirières seront nombreuses.

Il est alors important d'utiliser et de réguler cette dynamique de la population :

- pour accroître les volumes d'abeilles et faire des essaims artificiels, toujours utiles ;
- pour faire bâtir des rayons afin de renouveler au plus vite ceux du corps ayant contenu du couvain et pour disposer de rayons pour les essaims artificiels incapables d'en construire par eux-mêmes (voir p. 76) ;
- et pour produire du miel !

La régulation de la colonie se fait sur la base des effectifs de nourrices et de cirières. Au début du mois d'avril, leur nombre est limité et on observe peu de constructions de cires. En fin de mois, si le temps est favorable, elles sont à l'inverse importantes.

DU CÔTÉ DE LA REINE...

Au trou de vol, l'endroit où le plus d'abeilles entrent est souvent celui où se trouve la reine. C'est souvent aussi l'endroit de la ruche chauffé par le soleil au plus tôt le matin.

BIOLOGIE DE L'ABEILLE

La mise en route des glandes cirières

Chez l'abeille nourrice, passé le temps de la production de la gelée royale, huit glandes cirières commencent à produire dans l'abdomen pendant une semaine de nouveau. De fines lamelles de cires sont alors rejetées entre les 4e et jusqu'au 7e sternites – qui sont la partie ventrale des anneaux de protection de l'abdomen.

Les apiculteurs qui ont des ruches avec une paroi vitrée pourront assister au phénomène suivant : lors de grande miellée, on voit rapidement circuler derrière la vitre des abeilles ayant de fines lamelles de cire qui sortent de leurs anneaux ventraux. Que la miellée cesse et en moins de 24 heures, ces abeilles seront plus difficiles à observer. La production de cire est en effet très directement liée à la disponibilité en nectar.

Comme dit le dicton : « Pour que ça cire, faut que ça miele ! »

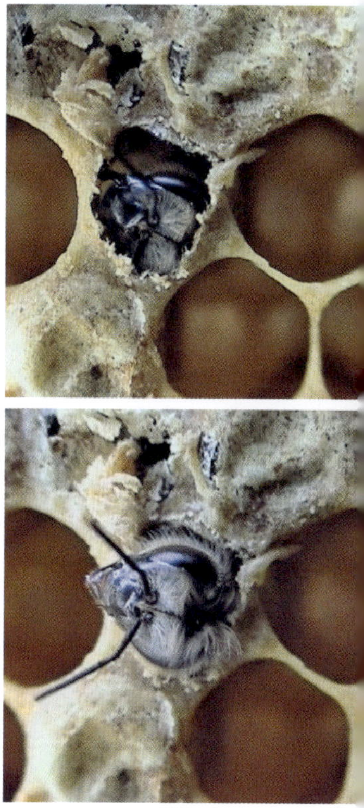

Naissance d'une abeille.

HYGIÈNE ET SANTÉ DU RUCHER

Un couvain à haut risque

En avril, les fortes différences de température peuvent mettre en péril le couvain qui se développe. Un matin, après une nuit bien froide, il arrive que l'on trouve des larves mortes, toutes blanches et abandonnées sur la planche d'envol. Les abeilles ayant poussé la ponte de la reine sous l'influence de quelques belles journées, bien chaudes et riches en fleurs, un abondant couvain est présent sur les rayons. Et puis, au cours d'une nuit plus froide que les autres, les abeilles se resserrent les unes contre les autres, abandonnant le couvain dont elles maintenaient jusque-là la température de 35 °C à 37 °C. Pour se réchauffer mutuellement, elles quittent l'espace du couvain, celui-ci tombe alors très bas en température et en meurt. Dès le lendemain matin, des cadavres partiellement rongés sont sortis de la ruche par les abeilles ; par ce cannibalisme, les abeilles récupèrent des protéines.

Prévenir le varroa

Poursuivre le découpage des rayons de mâles operculés, faire les premiers contrôles de l'infestation par des méthodes éprouvées. Voir des varroas sur les abeilles sans les chercher particulièrement révèle un taux d'infestation considérable qui obère la survie de la colonie ; traiter de suite.

LA CIRE

C'est une matière grasse, produite moyennant un coût métabolique élevé. Pour produire 60 g de cire, il faudrait en effet 1 kg de miel et une quantité de pollen indéterminée. En dehors des ajouts de cire gaufrée par l'apiculteur, tous les rayons d'une ruche requièrent 400 à 500 g de cire.

Loque américaine, test de l'allumette.

LA LOQUE AMÉRICAINE

Pour repérer la loque américaine, piquer une larve avec un clou ou une allumette. S'il en ressort un filament visqueux de plusieurs centimètres, il s'agit de la loque américaine. Le traitement antibiotique est interdit.

La loque américaine est obligatoirement déclarée aux services vétérinaires du département du rucher. Il est également fortement conseillé aux apiculteurs amateurs de demander à un technicien sanitaire apicole de venir expertiser et donner la marche à suivre.

Les loques, risque majeur pour le couvain

La loque européenne et la loque américaine sont deux formes d'une même pathologie qui touche exclusivement le couvain et mettent ainsi en péril l'avenir de la colonie. Ce sont des maladies très contagieuses qui se caractérisent par un couvain disséminé. Les spores de la loque américaine, formes résistantes de la maladie, survivent plus de 40 ans et résistent en chaleur sèche jusqu'à 140 °C.

La loque européenne est une maladie du couvain **ouvert**. Les larves perdent leur position enroulée. Le reflet blanc nacré bleuâtre du couvain disparaît. Une odeur anormale, de type colle de poisson, sort de la ruche.

Les larves meurent généralement avant operculation. Tout couvain ouvert au milieu d'un couvain fermé, qui plus est blanc ou jaunâtre, doit faire suspecter la loque européenne. Il n'existe aucun traitement chimique et le transvasement est inopérant.

Cette maladie apparaît au printemps, au moment où les colonies élèvent énormément de couvain. Elle disparaît souvent spontanément, lorsque le pollen devient abondant. Pierre Jean-Prost indique que la division des colonies accroît le phénomène, alors que leur réunion fait disparaître la maladie.

La force des colonies et les conditions environnementales dans lesquelles elles évoluent semblent déterminantes dans cette pathologie.

La loque américaine est une maladie du couvain **fermé**, elle se dissémine facilement à tout un rucher et aux ruchers voisins. L'apiculteur en est souvent le principal vecteur. Atteintes par des bactéries spécifiques, les larves meurent tout au long de leur développement, elles ont une couleur café au lait et sont boursouflées et visqueuses. Les opercules sont affaissés, troués, le couvain est lacunaire.

La consigne actuelle est de ne pas traiter les colonies malades mais de les détruire par le feu. On procède le soir, en les étouffant avec une mèche soufrée, puis on brûle tous les cadres de la colonie et de la hausse si elle en possède une. Les plateaux de sol et les couvre-cadres seront passés à la flamme d'un chalumeau et le matériel en contact (vareuse, gants, balayette, lève-cadre...) désinfecté également.

Mais si les colonies sont puissantes et que la maladie est dans sa phase débutante, on peut sauver ces colonies malades. Pour cela, on sépare les abeilles (à garder) du couvain malade (à détruire par le feu). Cette opération s'effectue exclusivement au printemps et sur des colonies capables de construire des cires neuves. Les abeilles sont installées dans une ruche parfaitement désinfectée au préalable et équipée uniquement de cires, qu'elles bâtiront ensuite en rayons. On réalise alors ce que l'on appelle un « transvasement », technique consignée par les moines en Silésie il y a plus de cinq siècles.

ATTENTION ! *Les désinfections doivent être très soigneuses : tout déchet transporté de la ruche infectée vers la ruche propre infesterait la colonie.*

LES TRAVAUX AU RUCHER

Agrandir les colonies

Pour cela, plusieurs opérations sont nécessaires :

• *Enlever les partitions*

Il s'agit tout d'abord d'enlever les partitions, si vous aviez prudemment réduit le volume des ruches en fin d'été dernier en confinant les colonies dans un espace plus chaud pour l'hiver. À chacune des manipulations, il est essentiel de bien respecter l'ordre immuable des rayons : au centre le couvain, entouré de cadres contenant du pollen, puis de ceux contenant exclusivement du miel. Bien respecter aussi le sens dans lequel ils sont placés dans la ruche, les abeilles étant très perturbées par une remise en place anarchique des rayons.

• *Ajouter des cadres bâtis*

En début de mois, alors que les cirières sont encore peu nombreuses, vous pouvez également ajouter, au-delà des cadres de pollen, des cadres bâtis que vous aurez conservés.

• *Ajouter des cadres cirés...*

Plus tard, on rapproche du nid à couvain les cadres cirés ou à jambage que l'on a mis lors de la première visite de printemps. La population commence à être suffisamment riche en cirières pour construire. Ces cadres, à moitié construits, seront insérés dans le nid à couvain. Terminer par les partitions, conduire la colonie sur 8 cadres est souvent suffisant.

Gérer les cadres anti-varroas

Ce sont les deux cadres bâtis de hausse qui ont été mis au ras du nid à couvain. Surveiller, par une intervention rapide, la construction d'un rayon sous ces cadres. Une fois cette partie riche en bourdons operculée, elle sera coupée et détruite. La pression démographique des acariens sur la colonie en sera

Loque européenne.

Cadre avec abeilles.

Enruchage d'un essaim.
Les abeilles battent le rappel au trou du couvre-cadre.

ainsi diminuée. Vous pourrez ensuite remplacer ces cadres de hausse par des cadres de corps cirés, si la colonie construit bien, sinon remettre des cadres de corps bâtis vides.
Ces cadres de hausses pleins de couvain d'ouvrières seront réunis, sans leurs abeilles, dans une hausse posée sur une ruche plus faible.

Corps peu garni de miel, pas de hausse à mettre.

Corps bien plein de miel, hausse à mettre.

Poser les hausses

La hausse agrandit la ruche et la refroidit. L'abbé Warré préconisait d'ajouter des éléments à son modèle de ruche par le bas. C'est toujours ce que font ses adeptes. Mais sur les ruches Dadant, la hausse est posée sur le dessus et les abeilles, soumises à ce refroidissement, sont alors plus occupées à produire de la chaleur. Moins nourrie et moins au chaud, la reine ralentit sa ponte. Repérer le bon moment pour poser la hausse est assez délicat. Si on la pose trop tôt, la ponte de la reine s'en trouve réduite. Installé trop tard, le nid à couvain (engorgé par l'arrivée du nectar) empêche la reine de pondre et provoque l'essaimage. À choisir, il vaut mieux la poser trop tôt que trop tard.

• *Conduire les divisibles*

Dès que l'élément du haut est empli de couvain, inverser avec celui du dessous généralement riche en pollen mais sans couvain. Fin de mois ou le mois prochain, glisser un élément avec cadres cirés entre les 2 contenant du couvain. On répartit les

QUAND POSER LES HAUSSES ?

Quelques signes avant-coureurs pour repérer le bon moment :
- Lorsque de nombreuses abeilles vous accueillent sur le couvre-cadre au moment où vous ouvrez le toit (signe d'une très forte population) ;
- Lorsque des superstructures blanches apparaissent entre les cadres du centre et que ces constructions brillent de nectar.

ATTENTION *! Si, entre le couvre-cadre et la tête des cadres, la cire emplit l'espace et que le miel coule à l'ouverture, c'est que la pose de la hausse aurait due être faite plus tôt.*
Par précaution, certains apiculteurs mettent 2 feuilles de journal entre la hausse et le corps. Au moment opportun, les abeilles rongent ce papier et envahissent la hausse... préconisation peu efficace.

Mettre une hausse trop tôt a peu d'importance sur une forte colonie. Au pire, la reine viendra y pondre puis, à la naissance du couvain, du miel s'y retrouvera. Sur une colonie faible, du couvain s'y trouvera continuellement.
Par prudence, sur le colza, placer 2 hausses juste avant l'ouverture des fleurs.

cadres de couvain entre les 3 niveaux supérieurs et les cires autour du couvain. Par précaution on place un élément ciré en dessous de l'ensemble. La ruche sera sur 4 éléments. Voir p 74.

Récolter des essaims naturels

S'il est une catastrophe pour l'apiculteur propriétaire de la colonie essaimeuse, l'essaim naturel est une aubaine pour celui qui le récupère ! Un essaim naturel est en effet riche en cirières et en nourrices, il bâtit rapidement de beaux rayons et la reine y pond beaucoup. Le couvain est abondant et la population en principe y sera belle. Mais avant de procéder, vous devez prendre votre temps et bien préparer le matériel. Aucun essaim ne vaut en effet que l'on joue les acrobates et que l'on risque l'accident ! D'autant que cet essaim ne dérangera pas longtemps le voisinage, sa disparition naturelle étant programmée.

• *Le matériel*

Il faut un seau ou une caisse à bords bien lisses, une ruche ou ruchette équipée de cadres à bâtir, avec un plateau de sol bien fixé au corps. Si l'essaim est un peu en hauteur, prévoir également une perche sur laquelle sera cloué un pot (un conteneur à plantes, par exemple).
Se mettre à l'aise, installer tranquillement son matériel, couper les branches tout autour de l'essaim...

• *La cueillette*

Prendre le seau, l'introduire le plus possible sous l'essaim et secouer fortement la branche pour faire tomber les abeilles dans le seau. Verser alors l'essaim dans la ruche ou la ruchette. Refaire si besoin l'opération. Penser à bien enfumer l'endroit où s'est posé l'essaim. Refermer aux ¾ le couvre-cadre et laisser le tout tranquille un moment, les abeilles doivent battre le rappel. Dès qu'il sort davantage d'abeilles de la ruchette qu'il n'en rentre, fermer le tout et mettre la ruchette dans un endroit noir durant 2 jours. Installer la ruchette au rucher, traiter contre varroa, nourrir au sirop 50/50 par nourrisseurs entiers jusqu'à la parfaite construction des cadres.
Transvaser la ruchette en ruche dès que ses cadres sont tous construits et occupés.

Les abeilles marchent !

Divisible Voirnot carrée sur deux éléments.

En cas de mauvais positionnement, on ramène l'essaim avec une casserole ou une grosse louche.

QUE FAIRE EN CAS D'ESSAIM RÉCALCITRANT ?

Il est difficile d'éviter qu'une jeune reine vierge se sauve ou que les abeilles fuient une caisse neuve ! Il n'est donc pas rare qu'un essaim quitte la ruche où il a été mis.
Pour éviter cela :
- utiliser des ruches ou ruchettes usagées imprégnées de l'odeur des abeilles rapidement passées au chalumeau avant l'enruchement pour dégager les odeurs ;
- mettre cet essaim en cave ou dans un lieu totalement obscur dans la 1/2 heure qui suit son installation et l'y laisser 2 jours. Gorgées de miel, les abeilles ont de quoi survivre.

• *Le suivi*

Au terme d'un mois, le développement de la colonie sera normal, si le couvain est régulier et serré, sans trou, le test anti-varroa est concluant.

ATTENTION ! *Un essaim naturel porteur de maladies doit être détruit. Procédez un soir par étouffement avec une mèche soufrée. Désinfecter les matériels à la flamme d'un chalumeau, puis brûler cadres et rayons.*

Diviser les plus belles des colonies

C'est la manière la plus simple de faire des essaims artificiels avec tout type de ruche Warré, Langstroth, Voirnot carrée et autres divisibles... Dans tous les bons manuels, les diverses méthodes sont décrites, avec ou sans recherche de la reine.
Avec la Warré, la méthode la plus simple s'effectue sans la recherche de la reine. Elle est rapide et réussit presque à coup sûr si on travaille avec une colonie très peuplée et sur deux éléments qu'il s'agit en fait de séparer. L'un possédera une reine, l'autre devra en fabriquer une à partir d'une très jeune larve. Pour cela, la présence de couvain ouvert sur les deux étages est indispensable. Voici comment procéder :
- entrouvrir les deux éléments, enfumer très peu (un seul coup de soufflet suffit), et vérifier la présence de ponte fraîche à l'étage supérieur ;
- poser l'élément du haut sur un élément équipé si possible de cires bâties et d'un plateau de sol. Mettre cet ensemble dans un autre rucher, éloigné de 3 km au moins, et le nourrir au début car ses butineuses doivent se réorienter et retrouver des sources de nectar ;
- vérifier que l'élément du bas possède une ponte fraîche. Si ce n'est pas le cas, transférer un rayon contenant des œufs d'un étage vers l'autre, mais moins vous manipulerez les rayons, plus votre opération aura de chances de réussir. Ajouter par en dessous un élément équipé de rayons bâtis si possible. Fermer avec un couvre-cadre et un toit ;
- nourrir très régulièrement et laisser reposer un mois, puis faire un état des lieux en recherchant les reines et en marquant à la couleur de l'année celle qui ne l'est pas ;
- ne pas enfumer par le trou de vol, vous appauvririez l'élément du bas, les abeilles remontant dans l'élément du haut.

FAIRE SON SIROP

Le sirop léger : (1 kg de sucre, 2 l d'eau) à teneur du nectar, il stimule la ponte de la reine. En petite quantité (1 l max), il est intégralement consommé par les abeilles et n'est pas stocké.
Le sirop classique : (1 kg de sucre, 1 l d'eau, dit 50/50) nourrit les colonies en cas de famine, pour faire construire des rayons.
Le sirop concentré (2 kg de sucre, 1 l d'eau) sert aux réserves hivernales. Il sera utilisé après juillet mais également lors des périodes de très grandes sécheresses ou famines à partir de juin. Donné en grande quantité par nourrisseurs entiers, il sera essentiellement stocké car dépassant les besoins de la colonie.
Le sucre à utiliser est le plus pur qui soit, un sucre de betterave blanc, du saccharose pur : les abeilles ont toutes les enzymes nécessaires pour le décomposer en glucose/fructose, sucres simples assimilables par elles. Les sucres roux (insuffisamment épurés), les sirops industriels (produits par inversion d'amidon) contiennent des sucres et des sels minéraux peu digestes pour les abeilles, ce qui les fait vieillir précocement. Ils peuvent également contenir des pesticides véhiculés par la sève des betteraves. Les sucres qui conviennent sont spécialement épurés pour les sirops et pastilles pharmaceutiques, issus de l'agriculture biologique.
L'ajout de 5 ml de vinaigre blanc (acide acétique) par litre de sirop amène son pH à celui du miel, ce qui en facilite la prise.
Le sucre est dissous à froid par brassage mécanique.
Le sirop 2/3 sucre, 1/3 eau se conserve quelques semaines ; en dessous de cette proportion, la conservation est aléatoire.

Matériel de brassage.

Constitution d'un essaim
sur cadre.

Ruche Dadant.

La division en Dadant ou en Langstroth

Avec ces modèles de ruches, vous pouvez opérer une division en mettant la moitié des cadres contenant du couvain, du miel, du pollen et toutes les abeilles qui sont dessus dans une seconde ruche partitionnée ou ruchette. Seule précaution, qu'il y ait des cadres avec des œufs dans les deux ensembles. Compléter si besoin de cadres à bâtir.

Laisser les deux ruches ou ruchettes côte à côte ; 30 minutes après, vérifier celle des deux colonies qui accueille le plus de butineuses. Elle possède la reine à coup sûr.

Éloigner cette ruche ou ruchette de 3 km au minimum, et la nourrir de 3 l de sirop 50/50.

Trois semaines plus tard, visiter l'essaim, y rechercher une ponte fraîche, signe de la présence d'une jeune reine. La rechercher, la marquer. On peut rapatrier l'autre colonie. Si tel n'est le cas, attendre encore 1 semaine à 10 jours. En cas d'échec, réunir cet essaim avec la souche ou une autre colonie.

Procéder à la première récolte

Dans les zones de colza, les bonnes années, on peut déjà récolter en avril quelques hausses de miel. Ne pas hésiter à retirer les cadres un par un dans les hausses où se trouverait du couvain, de manière à enlever ce miel qui cristallise si vite et devient si dur que ces cadres seraient ensuite impossibles à extraire. Ce miel devra être laissé en maturateur trois jours tout au plus puis mis en pot, sans quoi il cristalliserait dans le fût. Pour faire baisser le stress des colonies après la récolte, et pallier une chute fréquente des floraisons dans le même temps, vous pouvez donner un litre de sirop par ruche. Sauf si l'acacia suit immédiatement le colza.

Introduction CR à J + 3.

Et aussi...

Les éleveurs d'animaux qui cèdent leurs produits à titre gracieux ou onéreux ont obligation par la loi de tenir un registre d'élevage qui recueille toutes les opérations réalisées au cours de l'année et mentionne notamment les médicaments (nom, n° de lot, date d'application, quantité appliquée) et les produits de nourrissements. Ceci afin d'établir une traçabilité de tout ce qui peut entrer dans la chaîne alimentaire. L'amateur qui fait de l'autoconsommation de ses produits n'est pas, quant à lui, astreint à la tenue du registre d'élevage. Cependant, le principe d'un tel registre est intéressant. C'est le carnet de bord qui relate tout ce qui tourne autour de la vie du rucher. Envisagé sous cet angle, il constitue une mémoire pour l'apiculteur de ce qu'il a fait et des résultats obtenus. Il pourra y noter les achats de matériel, de médicaments, de reines, les actions au rucher, les récoltes, les maladies observées, les essaimages, les réunions, les dispersions...

À NOTER

Noter dans le registre d'élevage les numéros des ruches malades, la date et la nature des traitements, les déclarations.

LA BONNE PRATIQUE DU MOIS

En présence de maladie, faire venir le technicien sanitaire apicole de votre secteur. Pour la nosémose et la loque américaine, la loi française impose une déclaration au service vétérinaire ou santé animale de la DDPP* ou de la DCSPP*. En Belgique, s'y ajoutent les acarioses, la loque européenne et le varroa.

DEUX PARASITES ENCORE INCONNUS EN FRANCE

Ils font l'objet d'une surveillance particulière : *Aethina Tumida* (coléoptère ravageur du couvain) et *Tropilaelaps clarae* (acarien). Par précaution, ne jamais acheter de reines ou d'essaims d'importation.

TRANSVASER UNE COLONIE MALADE DE LA LOQUE AMÉRICAINE

C'est la seule manière de traiter contre la loque américaine, que les moines de Silésie pratiquaient déjà il y a cinq siècles. Cette technique, qui peut sembler complexe, est en réalité fort simple mais chronophage, la seule condition de réussite étant de disposer de ruches surpeuplées prêtes à essaimer. Opérer en fin de journée par temps beau et chaud.

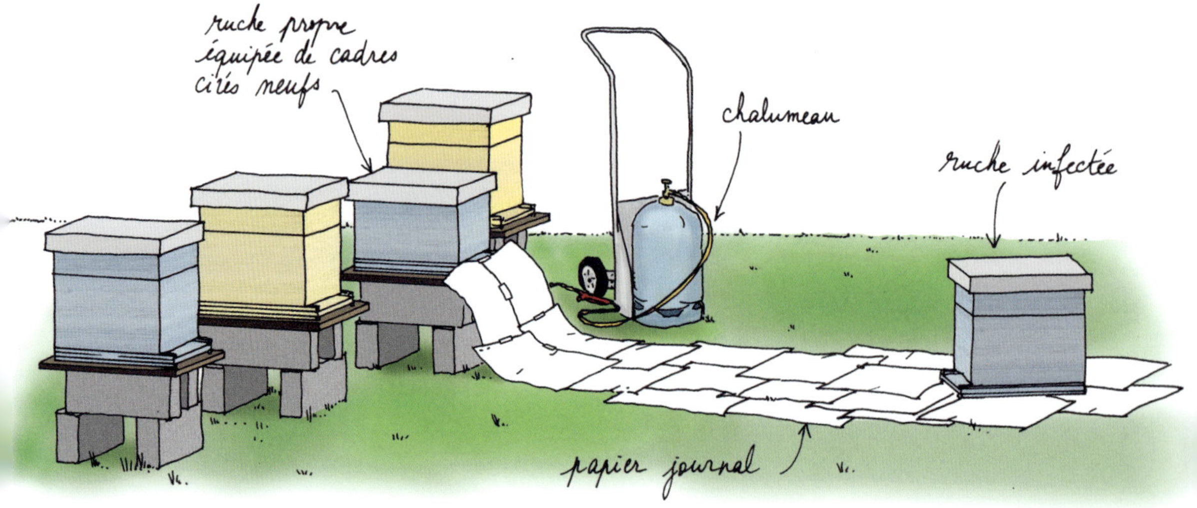

Ces populations bâtissent très vite à condition de réaliser l'opération fin avril, ou en mai ou au plus tard début juin ; en juillet, les cirières sont en effet moins nombreuses, les miellées moins fortes, les colonies ne construisent plus. Et le transvasement n'est plus d'actualité. La destruction de la colonie est la seule réponse. On étouffe la colonie un soir avec une mèche soufrée qui brûlera sur le sommet des cadres sous un toit en tôle, puis toutes les abeilles et les cadres sont détruits par le feu. Le reste de la ruche est ensuite passé soigneusement à la flamme d'un chalumeau.

1

Avancer la colonie malade de 2 mètres et la poser sur des journaux ou une nappe jetable.
Flamber ensuite au chalumeau l'espace où elle se trouvait, puis y placer une ruche propre équipée de cadres cirés neufs. Créer ensuite un chemin continu entre les deux ruches, couvert de journaux scotchés les uns aux autres si besoin ou d'une nappe en papier, jusque sur la planche d'envol de la ruche propre.

2

Enfumer la colonie pour la mettre en état de bruissement, les abeilles se gorgent de miel. Sortir chaque cadre de la ruche malade et secouer toutes les abeilles sur le papier journal. Mettre dans des sacs les cadres de couvain et les cadres de miel. Emballer tous les déchets dans les journaux, ainsi que tous les cadres, qui seront brûlés. Les abeilles retourneront seules à l'emplacement de la ruche d'origine ; la reine si elle est visible sera mise dans la ruche propre et les abeilles la rejoindront rapidement.

3

Mettre la ruche à jeun en cave ou en un lieu noir et frais durant 48 h. Les abeilles se léchant mutuellement absorberont les spores de loque qui seront détruites par leurs sucs digestifs.

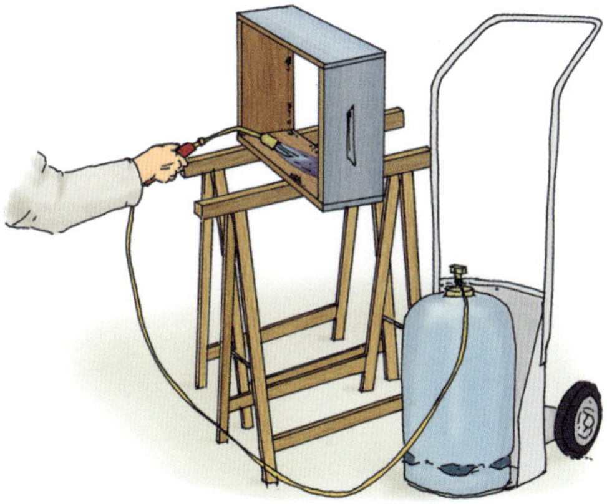

4

Pour finir, désinfecter très soigneusement à la flamme la ruche vide ainsi que tous les matériels, gants et vêtements ayant été en contact avec les cadres infectés. Laisser tremper les voiles, vareuse, gants dans de l'eau javellisée (300 ml d'eau de Javel à 2,6 % ca dans 1 l d'eau) durant 15 minutes au minimum.

LE MARQUAGE DES REINES

C'est une opération indispensable pour le bon suivi des colonies car elle permet de maîtriser l'âge des reines, le suivi des remplacements spontanés, l'essaimage...

À noter qu'en Warré c'est une opération impossible avec les modèles à rayons fixes. Si vous êtes débutant, entraînez-vous sur des bourdons, qui ne piquent pas et sont nombreux.
L'idéal est de faire l'opération à l'ombre, un peu à l'écart dans le rucher. Car si la reine s'envolait, vous pourriez toujours ouvrir la ruche, et en 10 minutes elle y retournera ! Certains préfèrent réaliser cette opération dans leur voiture, à l'abri d'éventuelles agressives, le risque majeur en cas de fuite de la reine étant qu'elle se réfugie à l'abri de la lumière, dans le système de ventilation ou tout autre recoin inaccessible !
Dans un rucher proche d'une habitation, installez-vous dans une pièce avec fenêtre. Si la reine s'échappe, elle ira se coller sur les vitres et vous pourrez la récupérer facilement.

Pour réaliser correctement l'opération, vous aurez besoin du matériel suivant : pince à reine, peinture à la couleur de l'année, piston de marquage, cylindre en plastique. Prendre une peinture de type vernis à ongle, à base d'acétone, résistante à l'eau, de séchage rapide et brillante. Les marqueurs à bille ne donnent pas des marquages durables.

LA COULEUR DES ANNÉES

Il a été retenu au plan international cinq couleurs pour connaître l'année de naissance des reines. Soit, pour une année finissant par :

1 et 6 = blanc	3 et 8 = rouge	5 et 0 = bleu
2 et 7 = jaune	4 et 9 = vert	

L'ÉLEVAGE DES REINES

Avril est aussi le mois de la préparation des nucléis et des colonies pour ceux qui se lanceront dans l'élevage des reines en mai.
Agrandir régulièrement les nucléis empilables jusqu'à quatre ou cinq éléments superposés.
Les nourrir pour accélérer leur développement et les diviser si vous prévoyez un essaimage.
Sur les nouveaux éléments, remplacer les rayons anciens par des cadres cirés neufs. Stimuler les nucléis est important pour disposer début mai de fortes populations afin de réaliser facilement des divisions lors de l'arrivée des cellules de reines d'élevage.
En début de mois, stimuler les colonies éleveuses pour les rendre en limite de fièvre d'essaimage en mai. Par prudence, conduire deux colonies pour l'élevage, l'essaimage risquant de surprendre l'apiculteur avant que ne soit atteint le jour du picking !
25 jours avant la date choisie pour le picking, on stimule trois fois à quelques jours d'intervalle par apport de sirop en petite quantité.
Faire construire des cadres à mâles sur des lignées particulières pour orienter la fécondation des reines n'a guère d'efficacité, hors technique particulière de fécondation dirigée, étant donné la particularité des vols de mâles pour les fécondations.

1

Prendre avec la pince la reine et les abeilles qui lui sont proches, souplement, en évitant de les blesser. Bien refermer la ruche.

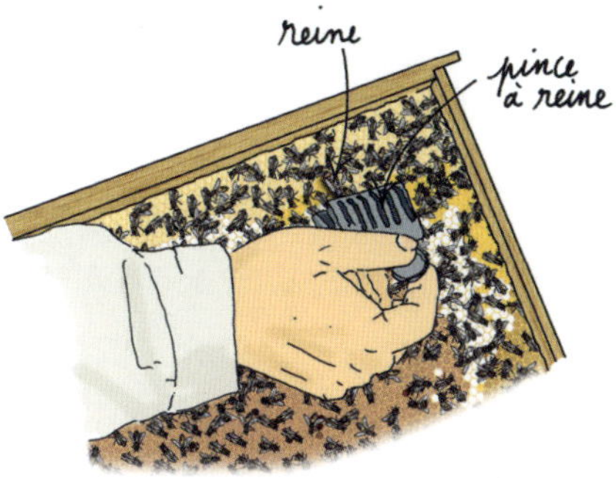

2

Écarter les abeilles de la pince sans perdre la reine, la prendre entre le pouce et l'index par le thorax, qui est solide, mais jamais par l'abdomen, trop fragile. Poser délicatement une goutte de peinture entre ses ailes.

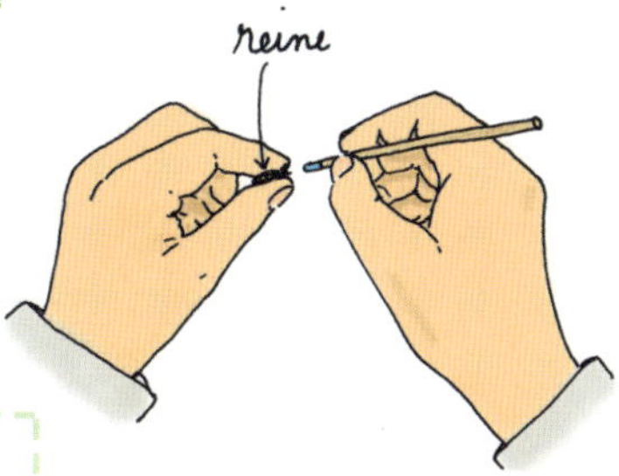

3

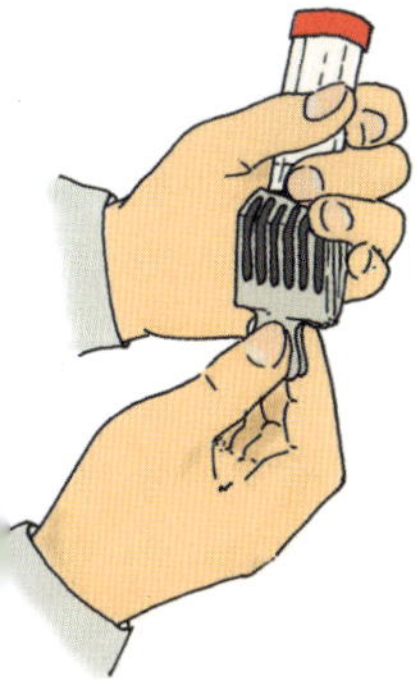

Si vous hésitez un peu trop, utilisez la cage à piston. Introduire la reine dans le cylindre en plastique, puis glisser le piston et coincer la reine entre la mousse du piston et le filet du cylindre sans la presser fortement mais en veillant à ce que sa plaque dorsale soit accessible.

4

Déposer sur la reine une goutte de peinture. La dégager un peu, la laisser sécher 1 minute, puis la remettre dans la pince à reine.

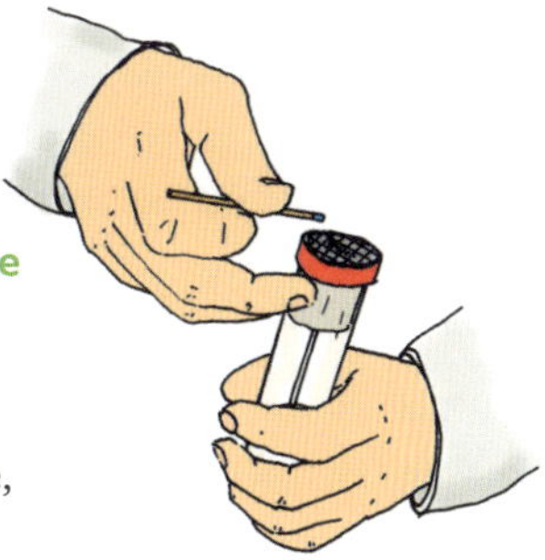

5

Lorsque l'opération est terminée, ouvrir la ruche, sortir un cadre de couvain, poser la reine dessus, vérifier que les abeilles ne « l'emballent » pas. Si elles se mettent en boule dessus, enfumer pour les séparer et attendre que les abeilles lèchent la reine normalement. Rentrer tout doucement le cadre sans le frotter, au risque de rouler la reine et de la blesser.

À SAVOIR : *Il existe des pastilles colorées et numérotées qui permettent le suivi des lignées, des essaimages… On les colle sur le thorax de la reine, entre ses ailes. La meilleure des colles est une goutte de peinture à la couleur de l'année. Si la pastille se décollait, la couleur de la peinture donne au moins l'année de naissance de la reine. On s'entraîne en marquant des mâles.*

MAI

« Au mois de mai, les essaims font les charrettes de foin. » Chaleur et humidité, mai est le mois de la croissance rapide des plantes, de l'essaimage et donc de l'élevage des reines. Tout amateur qui gagne en performance se lancera dans cette activité. Conduire son rucher avec de jeunes reines, de surcroît issues de souches sélectionnées, permet de réduire les risques d'essaimage et de disposer de très fortes populations.

LA MÉTÉO DU MOIS

« En mai, fais ce qu'il te plaît ! » Certes, mais l'apiculteur averti restera malgré tout prudent, surtout en début de mois. C'est en effet le moment dit des « saints de Glace » (11-13 mai), où l'on risque un long refroidissement, variable suivant les régions. Les incidences sur la nature et les plantes sont en effet très différents selon l'intensité du froid. Passé ces quelques premiers jours, le mois de mai devient progressivement plus chaud et favorable au butinage.

LES FLORAISONS

La nature s'enrichit de multiples floraisons, pollen et nectar sont présents à foison pour le plus grand bonheur des colonies. Le mois de mai voit fleurir les aubépines, les ronces, les framboisiers, le sureau, le thym, les fleurs des jardins, ainsi que les cotonéasters, qui attirent tout particulièrement les abeilles.
L'acacia est souvent en fleur, début mai. Une mention spéciale pour cet arbre qui, lorsqu'il est régulièrement taillé, donne en abondance des branches couvertes de grappes de fleurs. Riche en glucose, le miel issu de son nectar ne cristallise pas. Sa saveur très douce est également très appréciée. La miellée d'acacia est cependant capricieuse. Pour s'ouvrir, les fleurs nécessitent une température de 19 °C, or le nectar n'est abondant que si la pluie a baigné les racines de l'arbre. Pour peu que le vent ait chassé les nuages et apporté le soleil, provoquant l'ouverture des fleurs, la sécheresse empêche le nectar d'être au

Aubépine.

Acacias.

Thym en fleur.

Sainfouin.

Collecte de pollen sur *Gaura lindheimeri*.

rendez-vous. À l'inverse, des pluies trop abondantes, accompagnées de basses températures, empêchent les fleurs de s'ouvrir. Dans ces conditions, il n'est pas rare de ne faire une très belle récolte d'acacia qu'une année sur dix ! Cependant, lorsque l'acacia « donne » au mieux de ses possibilités, c'est un vrai miracle pour l'apiculteur...

Sont également en fleurs ce mois-ci les érables sycomores et les marronniers. Citons aussi les berbéris, la bourdaine, l'épine-vinette, le houx, les viornes, la langue de chien, la vesce et l'ancolie jusqu'en juillet ; la campanule jusqu'en août ; la buglosse officinale, la centaurée bleue et les moutardes jusqu'en septembre, la bourrache en fleur jusqu'en octobre. Certaines espèces de trèfles demeureront en fleurs jusqu'en novembre.

Le sainfoin, dont la floraison régulière jusqu'en août fournit un nectar abondant, donne le miel dit « du Gâtinais ». Enfin, du côté des annuelles, signalons les cultures maraîchères (concombres, courges, courgettes, melons, fèves...), dont certaines seront en fleurs jusqu'en octobre.

LA VIE DE LA COLONIE

Premières miellées

Les populations poursuivent leur évolution. L'alternance chaleur/pluie, assez classique à cette période, est favorable aux fleurs, et les abeilles profitent à plein du nectar et du pollen. Les miellées d'avril ont produit des abeilles, celles de mai donnent souvent les premières récoltes de miel. Dans la ruche, le blocage de ponte, lié au froid du début de mois, va engendrer des essaimages.

L'essaimage naturel

L'apiculteur averti repère les colonies qui risquent d'essaimer. Il suit l'âge de ses reines et sait que celles qui ont dépassé 2 ans d'âge vont provoquer des essaimages. Mais bien d'autres facteurs interviennent également : le volume de la ruche en regard du nombre d'abeilles, l'environnement floral, la météo... En outre, certaines lignées sont plus essaimeuses que d'autres. L'un des signes prémonitoires de l'essaimage est l'inversion de la surface de couvain ouvert par rapport à celle de couvain fermé. Jusqu'alors, le couvain ouvert était très supérieur en surface à celle du couvain fermé. Puis cette proportion s'inverse, suite à un blocage temporaire de la ponte de la reine par exemple.

LE CYCLE APICOLE, DE MAI À MAI

On peut considérer que l'année apicole commence au 1er mai pour s'achever un an plus tard. En effet, la récolte de l'année en cours est le fruit du travail sur les colonies de l'année précédente. C'est lui qui permet d'obtenir des essaims qui donneront un an plus tard de belles colonies de production, qui à leur tour offriront de belles récoltes.

USAGES DES MÉDICAMENTS ET DES COMPLÉMENTS ALIMENTAIRES

Aucune maladie des abeilles ne peut être soignée avec des médicaments, tous ont été interdits en apiculture. Seul le traitement contre varroa autorise des médicaments. Varroa n'est pas une maladie, même s'il en ouvre la porte, c'est un parasite externe. Soyons très rigoureux dans l'utilisation des produits chimiques et des compléments alimentaires. Le miel entre dans la chaîne alimentaire : il ne doit pas être pollué par des pratiques approximatives . Il sera traité dans des conditions d'hygiène irréprochables.
Les colonies doivent être soignées avec des produits autorisés *via* une AMM* délivrée par les autorités nationales ou européennes. L'usage et la distribution des médicaments pour les abeilles sont régis par le Code de la Santé publique et vendus uniquement en pharmacie, chez les vétérinaires ou *via* les groupements de défense sanitaire.
Les supplémentations alimentaires seront faites avec des produits autorisés pour l'alimentation humaine : sucre, levure de bière, vitamines, protéines, probiotiques...
Les produits de désinfection seront les plus communs : Javel (le plus puissant des biocides pour l'apiculture), ammonium quaternaire, lessive de soude, carbonate de soude, acide acétique pur (biocide partiel mais très efficace sur les spores de *Nosema apis* et *ceranae*).
Bien suivre les recommandations en matière de dosage, durée d'exposition, rinçage et sécurité pour l'apiculteur.
L'apiculture relève directement de deux ministères : l'Agriculture via la Direction générale de l'alimentation (DGAL) en lien avec le ministère de la Santé, et les Finances *via* la Direction générale de la consommation de la concurrence et de la répression des fraudes (DGCCRF).
Ces consignes visent le respect de nos abeilles, celui des consommateurs et la valorisation de l'image des produits issus de la ruche.

Récupération toujours hasardeuse.

Cellule royale nourrie par les abeilles plusieurs milliers de fois par jour.

Peu à peu apparaît alors un déséquilibre dans la colonie entre le volume des butineuses et celui des abeilles d'intérieur, nourrices et cirières. N'ayant plus assez de larves à élever, celles-ci vont redistribuer le surcroît de gelée royale à certaines larves, dont elles feront des reines, qui provoqueront à leur tour des essaimages.

Les effets de l'essaimage

Lorsque l'essaimage se met en place, le couvain récent disparaît, les ovaires de la reine réduisent de volume, sa ponte se bloque, elle devient svelte, et voler lui est possible. Lorsqu'une nouvelle reine sort de sa cellule, la reine mère part avec la moitié de la colonie environ. Si les autres reines en gestation ne sont pas détruites à ce moment-là, à chacune des naissances, une moitié des abeilles restantes partira à son tour avec la jeune reine, et ainsi de suite. Il arrive ainsi que l'on trouve des ruches très peuplées en mars devenues quasiment vides au terme de tous les essaimages.

LA NAISSANCE D'UNE REINE

La reine, comme l'abeille, naît d'un ovule fécondé. Dans une cellule élargie de 9 mm de diamètre, et progressivement allongée vers le bas, la larve est suralimentée exclusivement à la gelée royale. Elle est plus spécialement visitée par de très jeunes nourrices, dont la gelée est riche en hormones qui favorisent le développement des ovaires. Ceux-ci, au nombre de deux, débouchent par leurs oviductes dans le vagin de la reine où descend également un conduit venant de la spermathèque, réservoir très fortement vascularisé et oxygéné qui conserve dans un liquide spécial les spermatozoïdes qui y ont migré.

Au cours des vols nuptiaux quotidiens, les faux-bourdons déposent dans le vagin de la reine du sperme que les spermatozoïdes quittent pour migrer vers la spermathèque. Cette phase de migration des spermatozoïdes est critique, elle requiert beaucoup de chaleur. Les nucléis mal peuplés, aux dimensions excessives par rapport au volume d'abeilles, produisent des reines peu fécondes. Les saisons froides aussi. Au cours de la fécondation, la reine emmagasine un stock d'environ 7 millions de spermatozoïdes, qui sera épuisé au bout de 2 à 4 ans. Au passage de l'ovule, quelques spermatozoïdes sont éjectés de la spermathèque avec du liquide séminal. Durant 3 jours, l'œuf reste sous cette forme dans le fond de la cellule, puis il se couche progressivement. Trois jours plus tard naît la larve,

À SAVOIR

Avoir des reines et des ruches numérotées permet de suivre avec précision l'origine des essaims et de déterminer les lignées essaimeuses.

par dissolution de la membrane de protection. Actuellement, on ignore le mécanisme exact qui détermine la fécondation de l'ovule. L'abeille semble également le seul insecte connu à ce jour dont la larve se substitue à l'œuf de cette façon. Ce qui permet de comprendre pourquoi, lors du picking, il est très difficile de réussir des prélèvements d'œufs bien trop fragiles et qu'on leur préfère les transferts de larves.

Prélèvement de larves avec un picking suisse.

HYGIÈNE ET SANTÉ DU RUCHER

Lutter contre le varroa

Avant la pose des hausses, il est bon de tester l'état d'infestation par le varroa. Puis de traiter si nécessaire. Pour cela, il faut avoir en tête les informations suivantes :

- les ruches de production de miel ne seront traitées qu'en dehors des mois de récolte pour éviter de contaminer le miel par des produits chimiques ;
- tous les essaims naturels et artificiels seront traités dès leur constitution ;
- les ruches trop infestées seront immédiatement traitées et on ne les récoltera pas ;
- les ruches trop infestées en fin de saison malgré les traitements devront être éliminées ;
- les produits utilisés seront ceux et seulement ceux disposant d'une AMM.

Espace de ponte Jenter côté reine.

Maintenir la dynamique des populations

En mai il est important de surveiller l'évolution de l'environnement florale et de la météo. Après des chaleurs d'avril, on peut connaitre un temps froid et pluvieux qui stoppe net la ponte de la reine. Si ces conditions défavorables perdurent et que les colonies consomment leurs réserves, on peut apporter ½ l à 1 l de sirop une fois par semaine. Cet apport relance la ponte de la reine et maintient le volume de la population dont on aura besoin sur les miellées de juin. Le risque de stockage est quasiment nul.

Bloc Jenter côté transfert des larves.

Essaim sur vélo.

LES TRAVAUX AU RUCHER

Essaim sur eucalyptus au Cambodge.

Prévenir l'essaimage

L'apiculteur ne *prévient* pas l'essaimage, il le précède en créant des essaims artificiels. Voici deux types de méthodes.

• *Les essaims nus*

Très puissants, les essaims de mai sont capables de produire du miel dès la première année. L'essaim nu est une excellente manière d'assainir les colonies en les obligeant à construire des rayons neufs et l'occasion d'un traitement efficace contre varroa. Pour faire un essaim nu, on ne travaille que sur des colonies puissantes en limite d'essaimage. C'est un transvasement partiel ou total selon le but visé. Passé le mois de juin, cette méthode est inapplicable car les abeilles, entrant en phase de déclin démographique, ne construisent plus assez pour faire des rayons et amasser leurs réserves d'hiver. Cette méthode fournit de très beaux essaims artificiels indemnes de maladies du couvain et élevés sur des rayons neufs et propres. Une reine âgée sera remplacée ultérieurement en fin de saison.

• Les essaims sur cadres

Faciles à réaliser, mais exigeant une surveillance constante puisque l'on utilise peu d'abeilles et peu de cadres de couvain, les essaims sur cadres permettent de multiplier aisément les colonies. Bien conduits, ils seront sur 5 cadres à l'automne, aptes à passer l'hiver sans problème.

Faire un essaim sur cadre devient possible dès lors que l'on dispose de reines fécondées de l'année en cours ou de l'année passée testées et marquées. Puisque c'est l'époque, on peut également utiliser des cellules de reines d'élevage artificiel ou encore des cellules royales naturelles operculées présentes sur l'un des cadres de couvain, mais leur démarrage est plus lent puisque, durant le temps de la fécondation et de la mise en ponte de la reine, la population d'abeilles décline. Les essaims devront être traités efficacement contre le varroa dès que s'amorce la ponte de la reine puisque l'on apporte de très nombreux varroas en gestation avec le couvain dans une population, au final, pauvre en abeilles.

MON CONSEIL : *Produire autant d'essaims artificiels que de ruches de production permet d'assurer l'année suivante par leur réunion, le renouvellement annuel des reines et une bonne stabilité du nombre des ruches en production de miel.*

Faire construire des cires dans les corps

Faire construire des cires neuves est une source de bonne santé pour les colonies et réduit fortement les risques d'essaimage. Dès le début d'avril, pour accélérer la construction, ne pas hésiter à nourrir d'un sirop léger (50/50 eau/sucre) par petites touches d'un ou deux verres par semaine. Le cadre à construire sera mis après le premier cadre de pollen qui touche le couvain. En une semaine (parfois moins), il est fortement démarré. Si c'est une cire gaufrée, le retourner pour produire la construction de l'autre côté.

Une fois amorcé au tiers, l'introduire au centre du nid à couvain. Avec les cadres à jambage, la construction se faisant simultanément des deux côtés, les introduire l'un après l'autre au centre du nid à couvain lorsque la moitié de la hauteur est construite. Introduire dans le nid à couvain le nouveau cadre lorsque le premier est construit et pondu. On arrive à écarter du centre du nid à couvain jusqu'à 5 cadres par an. Ne pas en mettre deux à la fois : cela couperait le nid à couvain et pourrait provoquer un élevage de reine du côté où la reine serait absente.

Warré sur 4 éléments.

Cellules royales d'essaimage car en pourtour du couvain.

Quatre nucléi pour cadres de hausse Dadant.

Construction anarchique due à la pose d'un élément à barrettes sans aucun rayon bâti.

Poser la seconde hausse

Lors de la pose de la première hausse sur les floraisons précoces, il convient de mettre uniquement des cadres bâtis si l'on en possède. Lors de la pose de la deuxième hausse, ne mettre que des cadres cirés ou au moins un sur deux, selon la force de la colonie et des miellées. Cette deuxième hausse se pose en principe sous la première.

• *Sur les Warré à barrettes*

Lors de miellées faibles, l'agrandissement de la ruche se fait en ajoutant un élément en dessous du nid à couvain. Lors de miellées importantes, la pose de l'élément supplémentaire se fait au-dessus. En effet, pour qu'un élément soit vidé de son couvain, puis empli de miel, et que celui du dessous soit construit pour y être pondu, il s'écoule un temps généralement supérieur à la durée de la miellée. Or, les abeilles ne stockent jamais le nectar sous le couvain, il est donc impératif de mettre un élément sur le couvain pour qu'il soit construit, puis rempli de miel. Dans l'élément mis sur la colonie, et pour éviter que les abeilles ne construisent de bas en haut et dans tous les sens, équiper cet élément de ses barrettes amorcées mais en y mettant deux rayons construits. Ils feront un effet d'ascenseur pour conduire les abeilles au sommet de l'élément d'où elles stockeront le miel puis construiront sur les amorces voisines.

Grille à propolis bien remplie.

Écarter légèrement cet élément de celui du couvain en ajoutant une cale de 10 mm sous une des faces, les abeilles propoliseront une grande partie de cette ouverture, laissant juste le passage des butineuses. Lors de la levée du miel, un très long couteau permettra de séparer les gâteaux de miel des barrettes inférieures.

- *Sur les divisibles équipées de cadres en bois*

Ces ruches se conduisent, au choix de l'apiculteur, comme des Warré à barrettes ou comme des Dadant.

Récolter la propolis

Les ruches produisent peu de propolis, environ 300 g par an. Les abeilles colmatent tous les trous par de la propolis. On met donc sur le sommet des cadres une grille souple en plastique faite de petits trous (chez les fournisseurs spécialisés). Lorsque la grille est bien propolisée, on la retire. Après 24 h au congélateur, la grille est roulée et la propolis durcie tombe en se cassant. Très friable, elle sera réduite en poudre à ce moment-là, elle se dissout facilement dans de l'alcool à 70° non modifié. Pour obtenir une propolis très propre sur la grille ou le grillage plastique, poser une feuille de polyane de la surface du corps de ruche. La propolis ne collera pas au couvre-cadre et sera protégée des déchets qui pourraient s'y trouver.

Et aussi...

La division des ruches dites « divisibles » est possible et, selon les régions, jusqu'à fin juin. Cette méthode peut être efficace, mais on doit se souvenir que cette manière de faire consomme beaucoup d'abeilles et requiert des miellées importantes ou un nourrissement soutenu.

ESSAIMS ARTIFICIELS

En mai, les essaims sur cadres seront constitués en prenant 2 cadres de couvain avec toutes leurs abeilles dessus. À partir du 15 juin, il faudra en prendre 3.
Et à partir du 15 juillet, 4. Ces cadres peuvent être prélevés dans des ruches différentes. Bien parfumer systématiquement toutes les abeilles, toujours ajouter un cadre de miel et à nourrir en continu. Si le nourrissement est constant, les cadres complémentaires seront cirés ou à jambage ; s'il est irrégulier, les cadres complémentaires seront bâtis. Cette technique permet de disposer en septembre d'essaims sur 5 cadres de miel et de couvain, bons pour l'hivernage.

LA BONNE PRATIQUE DU MOIS

Les traitements agricoles battent leur plein, il est donc essentiel de s'entendre au préalable avec les agriculteurs sur un calendrier pour pouvoir vous organiser en conséquence. Les traitements sur les fleurs, habituels sur les fruitiers, sont les plus dangereux pour les abeilles. Déplacer les ruches au moment où interviennent ces traitements est complexe à mettre en œuvre. Même si ce n'est qu'un mauvais pis-aller, on peut aussi tout simplement fermer les ruches la veille des traitements et les rouvrir le lendemain soir. Prévoir dans ce cas des plateaux de sol grillagés et des couvre-cadres aérés. En cas de mortalité avérée, appeler immédiatement la DDPP* ou DCSPP* de votre département pour faire rechercher la cause de l'intoxication. Les molécules se désintègrent en effet rapidement après la mort de l'abeille et, si on laisse passer trop de temps, le laboratoire ne peut rien identifier.

FAIRE UN ESSAIM NU

C'est une bonne manière de prévenir l'essaimage. Préparer soigneusement le matériel : une hausse, ou un corps de ruche, ou un élément, garni de cadres cirés ou de barrettes amorcées.

1

Poser sur la colonie la hausse, le corps de ruche ou l'élément, puis remettre le toit à l'envers en fermant la surface aux trois quarts et en laissant l'ouverture du côté de l'entrée.

2

Enfumer très fortement jusqu'à ce que la fumée apparaisse par le haut.
Après 1 ou 2 minutes d'un fort bruissement, taper sur le corps de ruche en partant du bas vers le haut. En moins de 5 minutes, toutes les abeilles et la reine sont dans l'élément du sommet.

FAIRE DES NUCLÉIS

Pour constituer des nucléis, on fabrique des paquets d'abeilles de la même manière que pour les essaims nus, en utilisant une hausse mais en ne prenant qu'une partie des abeilles de la colonie. Pour être sûr que la reine ne soit pas dedans, mettre entre la ruche et la hausse une grille à reine de préférence métallique, car plus facile à franchir par les abeilles. Une fois les abeilles dans la hausse, les secouer dans un toit en tôle et pulvériser de l'eau. Celles qui s'envoleront en masse seront des butineuses peu importantes pour l'élevage, les abeilles restantes devant alors être redistribuées dans les divers nucléis pour accueillir les cellules de reines prêtes à naître. Se reporter au mois de juin.

3

Transporter délicatement cet élément sur un plateau de sol à l'écart dans le rucher, mettre un couvre-cadre, puis le toit. Si, par mégarde, un choc venait à faire tomber tout ou partie des abeilles au sol, les réunir et recommencer un autre jour. Refermer la ruche souche. Les butineuses viendront s'occuper du couvain et élèveront une jeune reine sur des larves.

4

Environ une demi-heure après, ouvrir le sommet de l'essaim. Si les abeilles volent en masse, c'est que la reine n'y est pas, les réunir et recommencer un autre jour. Si les abeilles sont calmes, c'est que la reine est présente et que l'opération a réussi. Fermer le tout et descendre cet essaim nu en cave durant deux nuits. Vous pourrez remettre ensuite cette nouvelle colonie au rucher et la traiter contre le varroa par une lanière. Il faudra la nourrir autant que de besoin, mais pas plus (vous risqueriez de bloquer la ponte de la reine), jusqu'à la construction complète des rayons.

L'ÉLEVAGE DES REINES

Mai est le mois idéal pour démarrer l'élevage des reines.

Le principe
Dans une population orpheline, on introduit des amorces de cellules de reines en plastique pourvues de larves très jeunes. La taille des cellules et l'orphelinage poussent les abeilles à élever ces larves en reines par une distribution exclusive de gelée royale.

La ruche d'élevage
C'est obligatoirement une colonie très populeuse, en limite d'essaimage. Généralement, elle a été conduite à cet effet par des nourrissements dits « spéculatifs » pendant au moins 1 mois. Une semaine avant la date où l'on souhaite démarrer l'élevage, rechercher la reine (en s'étant assuré au préalable en début de saison qu'elle était bien marquée). Mettre sur la ruche une grille à reine métallique et une hausse emplie de cadres bâtis vides. Y poser la reine. Refermer et nourrir d'un peu de sirop. Des nourrices vont alors monter pour s'occuper de la reine.

Une semaine plus tard, tout le couvain ouvert dans le corps de ruche est operculé (sans provoquer un élevage de reines puisque la reine présente au-dessus continue de diffuser ses phéromones). Retirer alors la hausse avec la grille à reine et poser le tout sur un plateau de sol à quelques mètres de distance, puis nourrir régulièrement cette nouvelle colonie. L'éleveuse est prête pour recevoir les cellules royales à élever. N'ayant plus de couvain ouvert, les nourrices ont pour seule alternative de nourrir les larves qui leur seront apportées. Retirer un cadre ou deux pour faire un espace pour y mettre ultérieurement les cadres d'élevage, vérifier par précaution l'absence de cellule de reine, ajouter un cadre bâti empli d'eau tiède, refermer et attendre 2 h. Durant ce temps, faire le transfert des larves dans les cupules en plastique dans les cadres d'élevage. Puis mettre ces cadres dans l'éleveuse, qui sera opérationnelle pendant 3 semaines environ. À ce terme, il n'y aura plus de nourrices possibles dans l'éleveuse. On remet par conséquent la hausse avec la reine sur le corps de ruche orpheline ; la réunion se fait avec deux feuilles de journal et du nourrissement pour limiter les bagarres.

Le cadre d'élevage et le picking
Le cadre d'élevage sera composé de deux rangées de 12 cupules avec des larves. Ce cadre ordinaire est agencé pour recevoir des supports en plastique, sur lesquels seront enfichés des porte-cupules, recevant eux-mêmes une cupule. Chaque cupule reçoit une larve d'un jour. C'est un croissant à peine amorcé. Celle-ci est issue de la ruche dont on souhaite la reproduction, choisie pour ses qualités : santé, production et douceur.

Le prélèvement des larves
s'effectue à l'aide d'un pinceau en poil de martre 2/0 ou 3/0 en le descendant avec une légère rotation dans chaque cellule où se trouve une larve. Il doit être trempé au préalable pour désinfection dans une solution d'alcool à 60° et rincé dans de l'eau pure stérile. Plus les larves baignent dans une mare de gelée royale, plus le picking est facile. En revanche, plus la miellée est faible et les abeilles en manque de nectar, moins il y a de gelée royale, et plus les larves collent aux cellules, rendant le prélèvement délicat. D'où l'intérêt de nourrir les abeilles pendant

les quelques jours précédents le picking. Prévoir un éclairage frontal fort et froid de type LED.

MON CONSEIL : *Vous devez humidifier chaque cupule avec de l'eau pure stérile ou de la Volvic®, la moins minéralisée des eaux de table. Les professionnels mettent de la gelée royale diluée. Les systèmes de prélèvement de larves de type Jenter®, Kemp® permettent des prélèvements sans aucune difficulté.*

La mise en élevage
On place ensuite ce cadre d'élevage contenant les larves dans la ruche orpheline et on nourrit la colonie pendant 4 jours (temps de nourrissement des larves). Ensuite, on laisse faire l'élevage. Nourrir les abeilles orphelines permet de les stimuler pour leur faire dégager de la chaleur sur les cellules d'élevage (pour que la nymphose se fasse bien, il faut une température de 34 °C et une humidité de 80%. Les CR sont habituellement mises en nucléis pour les naissances à J + 10 ou J + 11).

Des cellules royales à utiliser
À J + 3 les cellules royales acceptées sont allongées de 2 cm. Bien que très fragiles on peut les mettre en nucléis pour poursuivre leur nourrissement, nymphose puis naissance. Seule contrainte : disposer de nucléis très peuplés, faits de plusieurs cadres de couvain, miel et pollen pour assurer la suite jusqu'à la naissance. Méthode d'une très grande simplicité à étudier pour sa mise en œuvre concrète.

FAIRE UN ESSAIM ARTIFICIEL SUR CADRE

Technique rapide à mettre en œuvre et peu dérangeante pour les abeilles. Pour réussir, la ruche souche de cet essaim devra être populeuse, très riche en cadres de couvain, et sa reine marquée pour éviter de la rendre orpheline par erreur.

1

Prendre 2 cadres de couvain fermé (le plus possible fermé) et 1 cadre de miel.
Ne pas brusquer les abeilles, enfumer peu, ne pas choquer les cadres (il faut conserver un maximum d'abeilles dessus). Les mettre dans une ruchette ou une ruche partitionnée.

2

Secouer 2 cadres d'abeilles provenant d'autres ruches.
Bien asperger ces cadres d'eau avant de les secouer, pour faire tomber un grand nombre d'abeilles dans l'essaim en constitution. Compléter avec 1 cadré ciré et 1 partition. Attention à bien repérer la reine pour la laisser dans la ruche souche. Mettre en un lieu aveugle cet essaim durant 3 jours et 1 nuit. Puis le placer dans le rucher, ouvrir la portière. Lorsque le va-et-vient des abeilles est normal, visiter, détruire toutes les cellules royales naturelles.

3

4 jours plus tard, mettre entre les 2 cadres de couvain 2 cellules royales d'élevage sur le point de naître...
Ou piquer au milieu d'un cadre de couvain une cellule royale amorcée de 3 jours : les nourrices n'ayant plus leurs propres cellules royales à nourrir la prendront immédiatement en charge. *Ou* mettre une reine en ponte (c'est encore plus efficace). La reine dans sa cagette avec un peu de candi sera posée sur la tête des cadres. 24 h plus tard, si elle est couverte d'abeilles, signe de son acceptation ouvrir l'accès au candi. En quelques heures, les abeilles libèreront la reine. *Astuce : En cas d'absence de cellules royales d'élevage, faire de même, soit avec des cadres contenant des cellules royales naturelles, soit en choisissant un cadre de couvain fermé et l'autre contenant des œufs. Les abeilles élèveront une reine.*

JUIN

En juin, les grandes floraisons de fruitiers sont achevées, mais les fleurs des buissons demeurent importantes jusqu'en août. Tout, ou presque, arrive à maturité. Le développement des colonies, à son apogée fin mai, détermine les possibilités de collecte de miel. Les élevages de reines réussissent moins facilement, le creux des floraisons commence. La famine guette, alors que les butineuses s'activent au trou de vol… Certains hivers trop doux, les colonies se développent très tôt, mai et juin sont pluvieux, froids, tout s'arrête. Le calendrier est mis à mal, le miel de printemps se fait rare, on escompte sur les miels d'été. Printemps à foin, miel de rien !

LA MÉTÉO DU MOIS

Dernier mois du printemps, juin est habituellement beau et chaud, avec des températures moyennes de 15 à 21 °C suivant les jours et les régions, et des pics possibles entre 25 °C et 30 °C. La durée d'ensoleillement augmente régulièrement tout le mois, jusqu'à culminer vers la Saint-Jean, et les journées seront bientôt les plus longues de l'année. La nature est en fête et les jardins donnent à foison. Côté colonies, le couvain arrive à son apogée avec le solstice d'été.

Tilleul.

LES FLORAISONS

Selon les endroits, juin peut être encore très nectarifère ou à l'inverse celui des premières famines. En terres acides, les châtaigniers apportent d'abondantes récoltes en fin de mois. Un peu plus tôt dans le mois, ce seront les tilleuls, dont certains fleuriront jusqu'en septembre ; ils seront également appréciables pour leurs miellats. Ces floraisons supposent malgré tout de l'eau en quantité dans le sol. Ce seront les seules miellées issues d'arbres, les autres proviennent de buissons, lianes ou légumineuses : lavande, trèfle, luzerne mauve, weigelia, centaurée, symphorine, lotier, choux, lamier, sagine, chèvrefeuille grimpant, moutarde, salicaire, polygonum, vesce, campanule, ronces, troènes... À l'exception du trèfle, de la luzerne mauve (si elle n'est pas fauchée avant floraison) et de la lavande, dont la culture fournit des champs entiers, aucune de ces plantes ne peut donner de miel spécifique.

Trèfle en fleur.

Du côté des annuelles, les fleurs des maraîchers (courges, potirons...), les coquelicots et les fleurs des jardins sont encore au rendez-vous ce mois-ci, mais ce ne sont que des apports négligeables.

On retiendra également le févier (dans les haies) pour son nectar, les bruyères cendrées et quaternées, le cotonéaster laiteux, la moutarde des champs, le sarrasin jusqu'en septembre, le réséda odorant jusqu'en octobre, les asclépiades, la campanule, le bouillon-blanc et les faux bouillons-blancs, l'aster alpin, les millepertuis, la sauge, le serpolet, la vigne vierge. Ces dernières sont en fleurs jusqu'en septembre, voire octobre.

Lavande.

Abeilles sur pollen, sur pain d'abeilles.

LA VIE DE LA COLONIE

Une population à son maximum

Les colonies vont atteindre en juin-juillet leur population maximum. La ponte de la reine évolue, comme la course du soleil dans le ciel. Mais, passé le solstice d'été, elle se réduit sous l'effet du manque de nourriture.
Les fleurs se font en effet plus rares, car vient le temps des fruits et des graines. Plus tard, l'ensoleillement diminue, limitant les apports de nectar. Moins nourrie, la colonie à son tour nourrit moins sa reine qui, de ce fait, pond moins.

Abeilles sur couvain.

Surveiller le couvain

L'abondance des abeilles au trou de vol ne doit pas faire illusion. L'important est en effet ce qui se passe au niveau du couvain. Les butineuses arrivent au trou de vol environ 40 jours après l'apparition des œufs. Celles de juin sont donc issues d'œufs pondus en avril et ce seront les œufs pondus maintenant qui fourniront les butineuses d'août, et ainsi de suite. Pour maintenir de bonnes populations en août, il faut donc éviter le manque de nourriture en juin.

BIOLOGIE DE L'ABEILLE

Les butineuses prennent le dessus

Le développement des colonies suit les aléas du temps et des récoltes. Si le temps est favorable et la récolte abondante, la durée de présence des abeilles dans leurs fonctions de nourrice et de cirière sera réduite, au profit de leur rôle de butineuse. En principe, une vie d'ouvrière, l'été, dure 6 semaines, dont 3 semaines environ comme butineuse. Ce schéma est cependant très théorique.

Lorsque les colonies remplissent une hausse en 1 semaine, la durée de vie des butineuses est aussi d'1 semaine, le nombre et la rapidité des allers-retours vers les zones nectarifères usant en effet les abeilles. Leurs muscles durcissent, s'atrophient et elles meurent d'épuisement. Les cirières et les nourrices deviennent alors plus rapidement butineuses. Du coup, le couvain s'en ressent.

Si la hausse demande 3 semaines pour se remplir, la durée de vie des butineuses sera de 3 semaines également. Nourrices et cirières exerceront leurs talents sur de plus longues périodes et le couvain sera plus fourni. C'est pourquoi les régions aux miellées régulières sont plus favorables à un bon développement des colonies. Le couvain y est abondant, il n'est pas concurrencé par d'excessives arrivées de nectar déposé partout dans la ruche, y compris là où pond la reine.

Si l'objectif de l'apiculteur est la production du miel, il doit cependant toujours veiller à produire des abeilles en nombre.

Entrée de ruche.

Abeilles battant le rappel d'une reine en vol de fécondation.

HYGIÈNE ET SANTÉ DU RUCHER

Surveiller le varroa

Bien que la pression du varroa soit forte à cette période, les traitements contre cet acarien seront appliqués plus tard, car des récoltes sont encore en perspective. Attention malgré tout, si vous observez sur certains cadres des abeilles aux ailes totalement rongées, ce sont des jeunes abeilles atteintes de maladies importées par le varroa. Ce signe est inquiétant, il signifie que l'infestation est massive. Dans ce cas, il faut récolter au plus vite ce qui peut l'être et appliquer un traitement puissant (acide formique ou à base d'Amitraz®, par exemple). Faute de quoi la survie de la colonie sera compromise cet hiver.

Abeille apportant du pollen.

MESURER LA FORCE DES COLONIES

Les professionnels mesurent la force des colonies à leur capacité à récolter du pollen. Leurs plateaux de sol sont équipés de trappes à pollen. Ils les placent généralement de mi-avril à mi-mai, les deux périodes les plus riches en fleurs, mais pas avant et pas au-delà, afin d'éviter de carencer en protéines les colonies. En comparant chaque jour ou chaque semaine les volumes de pollen rapportés par les abeilles, ils peuvent ainsi estimer la force des différentes colonies. Une méthode rapide, qui évite d'avoir à ouvrir la ruche pour mesurer la surface du couvain. Pour laisser des trappes à pollen en continu, utiliser des grilles en tôle très mince avec des passages pour abeilles de 3 mm de diamètre.

Larves mycosées trouvées sous le plateau de sol grillagé.

Maintenir la force de la colonie

En cas d'absence de miellée, la seule précaution possible pour maintenir la force des colonies consiste à nourrir les abeilles d'un sirop léger.

Une colonie forte a deux grands avantages. Les butineuses peuvent sans problème continuer à collecter le nectar indispensable au bon fonctionnement des organismes, à dynamiser la ponte de la reine et à apporter le pollen indispensable à la bonne constitution des futures abeilles. Une colonie forte donne également aux abeilles la capacité de sortir rapidement des cellules et de la ruche les larves mortes, mycosées, malades...

La force d'une colonie est donc liée à la fois au nombre d'abeilles qui la composent et à l'instinct de nettoyage qui les fait agir. Celui-ci est variable selon les lignées, certains éleveurs le mesurent par un test qui permet de sélectionner les colonies « hygiéniques » que ce comportement met plus à l'abri des maladies. A minima, on se contente de veiller au volume de la population.

Attention au couvain mycosé

Un champignon colonise les larves *via* les nourrices, les détruit, elles deviennent jaunâtres, se couvrent d'un duvet blanc, se momifient et deviennent grises. C'est une maladie très contagieuse qui se transmet le plus souvent par les pratiques apicoles : visites trop fréquentes, échanges de cadres de couvain entre colonies, transhumance... Un certain nombre d'autres causes sont identifiées : humidité du rucher, colonie trop faible pour tenir la chaleur du couvain, comportement hygiénique insuffisant (évacuation des larves mortes par les abeilles nettoyeuses), pression trop forte de varroa, viroses, loques...

Il n'y a pas de médication. On peut essayer de donner du candi enrichi de 0,01 % en volume d'huile essentielle de sarriette des montagnes (*Satureia montana*), ou de mettre deux gouttes de cette huile par colonie sur la tête des cadres. Parfois le changement de reine permet de stopper le phénomène.

C'est une pathologie non transmissible à l'homme, comme l'ensemble des maladies des abeilles. Les colonies atteintes ne meurent pas toujours, ce sont des non-valeurs qui ne produisent pas de miel et qui entretiennent la maladie dans le rucher. La destruction des abeilles et des cadres s'impose, suivie d'une désinfection sérieuse de tous les éléments conservés.

LES TRAVAUX AU RUCHER

Nourrir les colonies

En l'absence de hausses, vous donnerez, tout au plus deux fois, 1 l maximum d'un sirop à 30 % de sucre. Cela permet de maintenir la dynamique de la ponte de la reine, c'est essentiel.

Faire construire les rayons

C'est le dernier mois pour la construction des rayons et il est important de poursuivre leur renouvellement. La force des colonies et la température ambiante permettent de mettre un cadre à bâtir au centre du nid à couvain. Si la miellée est présente, elle sera construite et pondue en l'espace d'une semaine.

MON CONSEIL : *Bien veiller à réussir au minimum la construction de 3 cires par an, pour renouveler les cadres du corps en 3 années si possible. C'est la meilleure des prophylaxies !*

Agrandir et aérer

Le soir, les abeilles « font la barbe », elles s'agglutinent en paquet sous le plateau de sol. On pourrait croire que la ruche va essaimer, mais il n'en est rien.

Deux raisons principales peuvent expliquer ce phénomène :

- **La population d'abeilles est trop importante.** La solution ? Agrandir la colonie par une hausse. Vous pouvez le faire même en l'absence de miellée, car il faut éviter l'essaimage.
- **Il fait trop chaud dans la ruche et le plateau de sol n'est pas assez aéré.** On pallie cet inconvénient en remplaçant le couvre-cadre en bois par une toile tissée en plastique, de type « bâche à talus ». Poser dessus un couvre-cadre en bois, éloigné de cette toile par une baguette de 10 à 15 mm clouée sur deux côtés. Ce système permet une légère ventilation.

Prendre soin des essaims

• *Essaims anciens*

Les essaims artificiels doivent progresser régulièrement d'un cadre supplémentaire par mois. Une fois la ponte de la reine en place, vous devez surveiller l'évolution du couvain et ajouter des cadres bâtis autant que nécessaire. Il faut tout à la fois que la colonie étende la ponte de la reine et amasse progressivement ses réserves d'hiver.

Les abeilles font la barbe.

Abeille en position de rappel. Glande de nasanov mise en évidence.

LE BON TRUC

Le frère Adam plaçait sous les corps de ruches une hausse vide. Les abeilles y construisent rarement, ce corps de hausse permet une meilleure ventilation l'été et évite aussi que les courants d'air dus aux plateaux de sol totalement grillagés ne viennent ralentir le démarrage du couvain au cours de l'hiver.

CONSTITUER DES NUCLÉIS

Les *nucleis* (noyaux) sont des essaims artificiels de très petite taille n'ayant pas vocation à devenir colonie de production de miel. Il faut un nucléi pour élever une seule reine. Plus il est populeux, plus aisée est la réussite de la naissance et de la fécondation car la reine a besoin de beaucoup de chaleur au moment de sa fécondation pour que les spermatozoïdes déposés par les mâles migrent vers sa spermathèque.

Matériels

Les nucléis sont des populations que l'on conduit dans de toutes petites ruches pour conserver la chaleur. Pour l'amateur, ce seront des éléments de son matériel ordinaire qui seront mobilisés : cadres de hausses ou cadres de corps. Les caisses utilisées seront des haussettes de ruchettes 6 cadres qui accueilleront 3 cadres et 1 nourrisseur cadre ou des ruchettes partitionnées pour recevoir 2 cadres de corps et 1 nourrisseur cadre.
Des matériels plus spécifiques sont possibles, notamment avec des cadrons (demi-cadres de hausse).

Faire des nucléis

Pour constituer des nucléis, on opère soit avec un paquet d'abeilles, soit en prenant des cadres de couvain avec leurs abeilles.
- *Paquet d'abeilles :* sortir d'une ruche forte 2 cadres de couvain de tous âges avec leurs abeilles dessus, les secouer dans un toit de ruche, pulvériser de l'eau sur les abeilles. Verser l'ensemble dans un seau, il y aura de quoi peupler un nucléi. Verser ce paquet d'abeilles dans une haussette contenant 1 cadre de miel, 2 cadres bâtis.
- *Ou avec cadres de couvain :* prendre 2 cadres de corps ayant du couvain de tous âges avec les abeilles qui sont dessus, les mettre dans une ruchette avec un cadre de miel et ses abeilles. Ces cadres peuvent être pris dans plusieurs ruches, pulvériser les abeilles d'un sirop léger. Ajouter encore des abeilles secouées d'1 ou 2 cadres de couvain ouvert.
Mettre ces nucléis 3 jours en un lieu totalement obscur et frais de préférence, puis les mettre en place le soir du 3e jour.

Introduire les CR

Introduire le lendemain 1 ou 2 CR à J + 10 ou 11 entre deux cadres ou dans l'espace du couvain entre les 2 cadres de couvain. Dans ce cas, vérifier et détruire toutes les amorces de CR qui auraient été construites depuis la constitution du nucléi. L'absence de CR doit laisser supposer la présence d'une reine, à retirer pour la remettre dans sa ruche d'origine ou alors l'introduction de la CR se fera dans la ruche dont est issu le nucléi, après en avoir détruit les CR naturelles. Nourrir avec des sirops ou candis supplémentés en protéines. <u>ATTENTION :</u> *Sur les cadres de couvain ouvert, il doit y avoir des CR, sinon il y a une forte suspicion de présence d'une reine, sauf en cas de couvain trop âgé. Bien vérifier que l'on n'a pas pris la reine de la ruche d'origine. Avoir des reines marquées est une précaution fort utile.*

Utiliser des CR amorcées de 3 jours

Dans le starter, prélever les CR au terme des 3 jours. Elles sont très fragiles et ne doivent pas être déformées. Les placer dans un cadre de couvain, fichées dans la partie haute du couvain. Les abeilles orphelines n'auront aucune autre CR à élever de sorte que cette cellule sera prise en charge de suite.
Conditions de réussite : le nucléi doit être très riche en abeilles jeunes et en couvain pour tenir le temps de la gestation de la reine, de sa fécondation et de la naissance de sa première ponte. Cette reine sera en ponte dans 2 à 3 semaines et son couvain naîtra dans 5 à 6 semaines, il faut donc que la population puisse subvenir à ses besoins sur cette durée. Cette méthode marche particulièrement bien avec des nucléis faits de cadres de corps.
<u>MES CONSEILS :</u> *Sur les nucléis en polystyrène, poser une feuille de plastique sur la tête des cadres, les abeilles ne propoliseront pas les toits qui seront aisés à décoller sans les abîmer. On conduit des colonies sur des hausses pour avoir tôt en saison des cadres de hausse avec du couvain.*

• *Essaims récents*
Les essaims nouvellement constitués feront l'objet de toute votre attention. Une agitation anormale, des abeilles qui volent dans tous les sens, qui occupent de manière inhabituelle la façade de la ruche ou qui tournoient autour de ruches en bonne santé : cela signifie probablement que la reine est en vol d'accouplement. Laisser l'essaim tranquille 2 semaines pour vérifier la présence de sa ponte, la marquer.

Barrette de cupules au format des cellules royales, système Jenter.

Et aussi...

Respecter le cycle naturel du développement des colonies devrait toujours servir de point de repère aux apiculteurs. Dans la nature, les réserves d'hiver se constituent dès le printemps. Eh oui ! nous l'avons oublié, l'apiculture productiviste étant passée par là. Dans un ouvrage d'agriculture du XIXe siècle, *La Maison rustique*, il est indiqué que la récolte du miel se fait en mai, après les essaims. Le solde de l'hiver est récupéré, ainsi qu'un peu de miel du début du printemps, et la colonie a par la suite tout loisir pour refaire ses réserves. Il faut dire que, à cette époque, les apiculteurs ne savaient pas comment apporter de grandes quantités de sucre et suivaient tout simplement le cycle de vie de la colonie. Aujourd'hui, pratiquer une conduite des ruches qui se rapproche de ce cycle naturel rend les colonies plus robustes et permet de limiter les effets délétères d'un environnement souvent défavorable aux insectes en général, et aux abeilles en particulier.

Mise des barrettes dans le starter.

LA BONNE PRATIQUE DU MOIS

La miellerie qui va accueillir la récolte doit être un endroit sec, propre, interdit aux animaux domestiques. Bien désinfecter avant chaque extraction. Pendant l'extraction, ne pas fumer, ne laisser ouvert ni n'utiliser aucun produit ménager. Le matériel d'extraction (couteaux, bac à désoperculer, maturateur) sera désinfecté avant utilisation avec 300 ml de Javel à 2,6 % ca. plus 1 l d'eau. Lors de la mise en pot, n'utiliser que des récipients conformes à l'usage alimentaire, non récupérés et présentant zéro défaut. Les bouchons qui se vissent sont préférables aux couvercles qui s'emboîtent.

Extracteur radiaire.

FAIRE UN PAQUET D'ABEILLES

C'est la même technique que pour réaliser un essaim nu, mais comme on avance dans la saison, cette collecte d'abeilles va servir, non plus à faire des essaims, mais à constituer de toutes petites populations appelées nucléis.

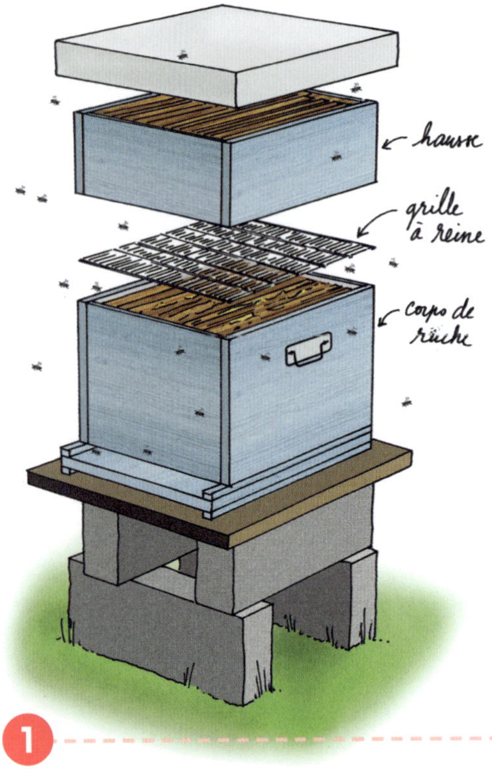

1

Placer entre la ruche et la hausse une grille à reine (il faut être sûr de ne pas prendre la reine), de préférence métallique (plus facile à franchir par les abeilles).

2

Poser le toit à l'envers sur le tout, en laissant un espace ouvert de 10 cm maximum du côté de l'entrée de la ruche. Enfumer fortement par l'entrée, 1 minute minimum et jusqu'à ce que la fumée sorte par le sommet. En quelques minutes, les abeilles bruissent, ce ronflement est caractéristique d'une colonie en état de stress.

MON CONSEIL : *Cette ponction d'abeilles, limitée (alors que l'essaim nu prend un maximum d'abeilles avec la reine), ne doit se faire que sur de très fortes colonies bien fournies en abeilles. Pour réaliser un paquet d'abeilles, il faut une grille à reine, une hausse garnie de cadres bâtis, un toit.*

3

Tapoter fermement le bas de la ruche avec un bâton ou un lève-cadre.
Continuer en remontant progressivement le long de chacune des deux parois de la ruche. Bien surveiller les arrivées au sommet pour éviter de prendre trop d'abeilles, ce qui va vite car plus les abeilles sont nombreuses plus elles montent rapidement.

4

Une fois que les abeilles sont dans la hausse, les secouer dans un toit en tôle, ou un seau à bords lisses puis pulvériser de l'eau.
Celles qui s'envoleront en masse seront des butineuses, peu importantes pour l'élevage. Celles qui restent seront redistribuées dans les divers nucléis pour accueillir les cellules de reines prêtes à naître.

CONNAÎTRE LA CONVENTION

Les apiculteurs utilisent un code pour signaler les événements liés à la reine. Pour cela, ils utilisent une punaise placée sur le nucléi ou sur la ruche. Sa place est variable :
- en bas à gauche : absence de reine
- en bas au milieu : présence d'une cellule royale
- en bas à droite : naissance d'une reine
- au milieu à droite (du côté vertical) : reine en ponte
- en hauteur au centre du panneau : reine marquée.

La punaise est à la couleur de la reine, indiquant son année de naissance.

JUILLET

« À la saint Arsène, mets au sec tes graines. » Juillet est le mois de la dernière récolte et du traitement chimique anti-varroa d'été. C'est un mois souvent très chaud, où l'eau manque cruellement et les floraisons se raréfient.
Les abeilles ont soif et sont amenées également à entamer leurs réserves. Pour l'apiculteur, l'activité demeure très dense, elle déterminera également en partie la suite de la saison.

LA MÉTÉO DU MOIS

En juillet, il fait beau et chaud, avec de forts pics de chaleur (souvent supérieurs à 30 °C) et généralement très peu de précipitations. Suivant les endroits, la sécheresse est donc à redouter. Les plantes sont assoiffées, le nectar se réduit, la faim conduit les populations d'abeilles à consommer leurs réserves. Certaines années, les pluies sur les tournesols les rendent nectarifères. Encore faut-il qu'ils le soient naturellement car il semblerait que les nouvelles générations d'hybrides soient très pauvres en nectar.

LES FLORAISONS

À l'exception des régions de tournesol, les grandes floraisons se font plus rares en juillet. La période de la maturation des fruits démarre et s'étalera jusqu'à l'automne. Les abeilles découvrent de nouvelles fleurs qui les nourrissent, mais dont le nectar est insuffisant pour créer les réserves d'hiver. S'il n'a pas fleuri en juin, le tilleul donne peu et durant une très courte période (moins d'1 semaine), certaines espèces n'étant pas nectarifères. Le tournesol fut une révélation lors de sa généralisation dans les cultures industrielles. Très nectarifère, donnant plusieurs centaines de kilos de miel à l'hectare, ce fut pendant longtemps l'une des sources les plus importantes de miel. Il n'est plus actuellement à l'origine d'autant de production. Répandues en Europe et en Asie Mineure sur les terrains acides, ensoleillés et bien drainés, la bruyère callune et la bruyère *Erica* sont des plantes caractéristiques des landes, tourbières et pinèdes.
Relativement courant dans les garrigues méditerranéennes (en sol calcaire), le baguenaudier est un arbrisseau surtout présent à l'étage collinéen, mais aussi en montagne jusqu'à 1 500 m d'altitude. Il est plus rare dans le reste de l'Europe occidentale et de la France, où on peut le rencontrer sur les coteaux ensoleillés de l'Est, du Massif central et du Centre.
Dans les régions méridionales, les champs de lavandin sont particulièrement recherchés par les apiculteurs. Les récoltes sur lavandins ne sont jamais exceptionnelles, une hausse à peine en moyenne, mais ce miel est très apprécié.
La phacélie modifie la structure des sols en absorbant les nitrates. Elle est très nectarifère à condition de bénéficier d'une forte humidité atmosphérique.

TOURNESOLS ET INSECTICIDES

Les apiculteurs redoutent aujourd'hui les tournesols traités avec des insecticides systémiques. Outre leur nectar, leur pollen contiendrait des traces de ces pesticides. Les couvains en souffrent et, par conséquent, engendrent un affaiblissement constant des colonies. Les races actuelles très sélectionnées sur leur production d'huile semblent moins nectarifères. Curieux choix car les abeilles font partie des principaux pollinisateurs pour les oléagineux.

Bruyère.

Lavandes.

On retiendra également en juillet l'amorpha ou faux indigo ; la chicorée à café pour son nectar jusqu'en septembre ; le mélilot blanc de couleur jaune, la bardane, la brunelle commune, la centaurée jacée jusqu'en septembre, pour leurs nectars ; les roses trémières, les rudbeckias, les saladelles, les soleils, l'échinops à tête ronde, l'épilobe ; l'éplaire annuelle jusqu'en octobre.

Phacélie.

LA VIE DE LA COLONIE

La disette fait son apparition en de multiples endroits et conduit nombre de colonies à chasser les bourdons hors des ruches. Incapables de se nourrir seuls, ils meurent de faim. Non agressifs, dépourvus de dard, ils sont totalement soumis au bon vouloir des abeilles. La raréfaction des nectars sonne le glas des constructions de cire, c'est la fin de l'élevage des reines, faute de mâles ! Sauf à nourrir régulièrement les colonies après les récoltes, jusqu'au retour des floraisons de fin d'été.

BIOLOGIE DE L'ABEILLE

La régulation de la température

À cette période de l'année, la température dans la ruche demeure relativement constante, car les abeilles la régulent en permanence. D'autant que le couvain a besoin pour se développer d'une température minimum de 35 °C, pouvant aller jusqu'à 37 °C (pas au-delà, les nymphes en mourraient).

Pour réguler la chaleur, les abeilles disposent de plusieurs techniques :

- **Produire de la chaleur.** Comme elles ne stockent pas de réserves alimentaires dans leur organisme, les abeilles consomment du miel en permanence pour dégager la chaleur qui leur est nécessaire. Elles tétanisent leurs muscles qui, sous l'effet de cette vibration rapide, s'échauffent. Ainsi, au niveau du thorax, la plaque ventrale atteint 40 °C.
- **Humidifier la ruche.** Quand la chaleur dans la ruche est trop élevée, les abeilles s'éloignent les unes des autres, les butineuses vont chercher de l'eau qu'elles posent au sommet des cadres et sur les rayons. Puis elles ventilent, faisant s'évaporer l'eau et chuter la température.
- **Faire « la barbe ».** Par grosse chaleur et lorsque la population est importante, les abeilles s'agglutinent en masse sous l'entrée de la ruche. On dit qu'elles font « la barbe ». Elles fuient la trop forte chaleur de la ruche et de ce fait participent à réduire sa température en restant dehors.
- **Faire la « grappe ».** Lorsque le froid arrivera (à l'automne puis en hiver), les abeilles se tiendront chaud en se serrant les unes contre les autres sur des cadres de miel pour former une boule, sorte de « grappe » au sein de laquelle elles consomment du miel en permanence, ce qui leur permet de maintenir une température constante dans la ruche, vitale pour leur survie. Avec malgré tout comme conséquence de ne pratiquement plus pouvoir entretenir le couvain.

Abeille sur Vigne vierge.

Position de rappel.

DES « SŒURS » ET DES « DEMI-SŒURS »

Riche des spermatozoïdes issus de mâles différents, la reine donne naissance à des « sœurs » et des « demi-sœurs ». Certains auteurs imputent une partie de la douceur ou de l'agressivité des colonies à la plus ou moins grande proximité génétique des abeilles qui les composent. Plus la consanguinité des mâles est élevée, plus les demi-sœurs sont génétiquement proches, et plus la colonie serait douce. Tel est en tout cas le credo des partisans des races dites « pures ».

Rayon infesté
par la fausse teigne.

Vers de fausse teigne.

Cocons de fausse teigne.

HYGIÈNE ET SANTÉ DU RUCHER

La fausse teigne se développe

On compte deux sortes de fausses teignes, la grande et la petite, dénommées couramment « teigne » par les apiculteurs. C'est une sorte de mite, un papillon gris qui pond partout, à l'extérieur de la ruche, dans toutes les fentes, mais aussi à l'intérieur, quand il peut y entrer. Lorsque les milliers d'œufs pondus éclosent, les larves minuscules tentent de s'introduire par les fentes dans la ruche pour coloniser les rayons ayant contenu du couvain ou du pollen. On en retrouve dans les déchets des plateaux de sol et sous les épaulements des cadres vers les crémaillères. Ainsi que dans certaines cellules, ce qui perturbe le développement des larves, empêchant leur operculation.

Pour se développer, la teigne a besoin de protéines, qu'elle trouve dans le pollen et dans les déchets laissés par les larves. Elle creuse des galeries dans les rayons et se protège en enduisant son tunnel d'une soie. Les rayons sont peu à peu détruits. En principe, les abeilles pourchassent spontanément les teignes et une ruche en bonne santé n'est pas inquiétée. En revanche, les ruches faibles sont détruites par ce parasite.

La chaleur ambiante permet à la larve de se développer dans tous les rayons à l'abri des abeilles et des courants d'air. Filaments blanchâtres et petits points noirs (ce sont leurs déjections) signalent leur présence.

Traiter contre varroa

C'est le début des traitements chimiques contre varroa. Ils doivent être très efficaces car les surfaces de couvain diminuant, les femelles varroas ne peuvent toutes s'y introduire pour se reproduire et restent sur les abeilles adultes qu'ils épuisent. On observe à ce moment-là des mortalités de colonies trop parasitées. Voir plus de détails p. 101.

Désoperculation
des cadres de miel.

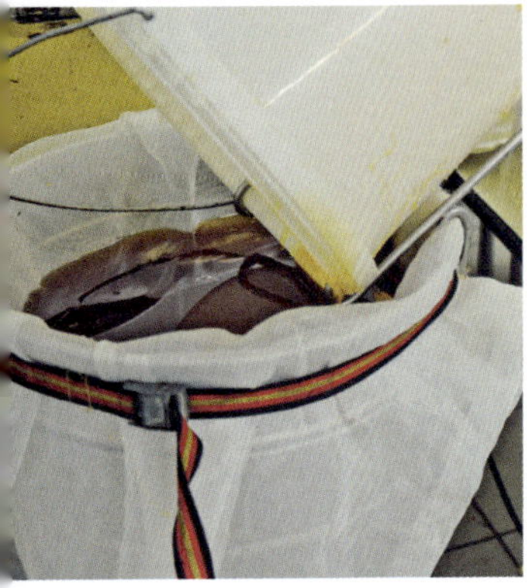

Filtration fine du miel.

LES TRAVAUX AU RUCHER

La récolte

Elle se fait lorsque les hausses sont pleines et les cadres operculés au moins aux trois quarts. Pour l'amateur, c'est une fête que l'on partage avec les proches. Il est donc important de se préserver des piqûres qui laisseraient un mauvais souvenir. La technique de récolte va privilégier une méthode qui vise à exclure au maximum les abeilles de la hausse, et à éviter de rendre furieux le rucher. En effet, ce qui est considéré par l'apiculteur comme une « récolte » est, à l'inverse, vécu par les abeilles comme une perte. Leur butin disparaît et elles vont le défendre chèrement !

MON CONSEIL : *Récoltez par une belle journée chaude, avec une pression atmosphérique élevée, la dernière floraison n'étant pas totalement achevée. Ainsi, un maximum de butineuses étant dans la nature, la colonie sera moins agressive.*

• *La miellerie et le matériel*

Avant de rapporter les hausses du rucher, il faut préparer le lieu de l'extraction. Privilégier une pièce propre, bien éclairée et fermée, sous peine d'être envahi par les abeilles. Le sol sera lessivable à l'eau et couvert de journaux ou de cartons. L'extracteur peut être loué. Cependant, dès que l'on envisage d'exploiter un rucher de plus de 10 ruches, l'achat d'un extracteur motorisé est un confort certain, sauf si le nombre des amis permet de faire tourner la manivelle sans fatiguer l'apiculteur ! Par sécurité, les extracteurs manuels seront dotés d'une manivelle débrayable.

Pour désoperculer les rayons, le couteau spécial dentelé et à bout recourbé est la formule la plus efficace. Un bac est également nécessaire pour fixer le cadre à désoperculer, recueillir la cire des opercules (« brèches d'opercules »), et pour y poser les cadres avant de les mettre dans l'extracteur. Une bonne solution : le double bac pour la fabrication des fruits confits. Peu onéreux, il comporte un bac pouvant contenir 25 kg de miel, équipé d'un robinet pour recueillir le miel, et un second bac troué qui s'emboîte dessus pour recueillir la cire et le miel emporté par la découpe des opercules. Ce double bac doit être équipé d'une traverse flanquée en son milieu d'un gros clou ou d'une vis pour y stabiliser le cadre à désoperculer.

Une fois extrait, le miel sera versé dans un maturateur, tonneau alimentaire équipé d'un robinet de fond pour tirer le miel après

LE BON MATÉRIEL

Pour récolter dans de bonnes conditions : extracteur, couteau à désoperculer, bac, maturateur, filtre, pots.
Pour la levée des hausses : enfumoir, balayette, toits plats et toiles lestées. Vérifier l'état de marche.

l'avoir fait décanter. Il est à placer dans un endroit où il pourra rester une semaine ou plus, et où la mise en pot sera facile.
Au sommet du maturateur, on fixe avec une sangle à bagage une étamine de nylon, qui assure une bonne filtration du miel, en récupérant une grande partie des déchets de cire. La surface de ce filtre doit être importante, sous peine de devoir le rincer fréquemment pour le déboucher.
La maturation dure une semaine au minimum, sauf pour les miels de colza qui seront mis en pot au bout de trois jours. Cette décantation donne un miel très pur, les déchets (de cire et de bois) ainsi que les bulles d'air remontant à la surface en une fine couche mousseuse, que vous écumerez au maximum au papier de cuisson pour augmenter la quantité de miel pur.

• *Au rucher*

Pour déranger le moins possible les abeilles et éviter leur agressivité, vous pouvez procéder en deux temps :
- Jour J -1 : pose d'un chasse-abeilles. Tous les modèles du commerce sont efficaces. Le principe est de mettre entre la ruche et la hausse un plateau largement ouvert côté hausse, et très réduit côté ruche par le chasse-abeilles. C'est un système de chicane ou d'entonnoir à plat qui facilite le trajet des abeilles de la hausse vers la ruche et rend difficile le retour.
Pour que les abeilles circulent facilement, le plateau doit être bordé sur les deux faces d'un tasseau d'environ 15 mm d'épaisseur. Passant constamment entre le corps et la hausse, les abeilles sont bloquées à la remontée et la hausse se vide alors très rapidement.

ATTENTION ! *Le système est efficace 24 h maximum, les abeilles trouvant ensuite la voie du retour.*

Comment procéder ? Enfumer peu, de manière à éviter que le miel ne sente la fumée. Enlever ensuite la hausse et placer le plateau. À deux, c'est rapide ; seul, il faut entrebâiller la hausse d'un côté, glisser le chasse-abeilles le plus loin possible puis basculer la hausse sur le plateau et finir la mise en place de l'ensemble. Bien veiller à ne pas laisser la moindre ouverture, ce serait le pillage assuré.
Jour J : levée des hausses. En principe, il y a peu d'abeilles dans les hausses, surtout si les rayons sont bien operculés.
Poser la hausse sur la ruche. Les faux bourdons seront rapidement évacués ; avec quelques coups de balayette, vous enlèverez les dernières abeilles.

ÉVITER LA FAUSSE TEIGNE

Trois solutions possibles :
- Empiler en plein air les hausses sur un corps vide dans lequel sera mise une mèche soufrée enflammée (pour tuer les larves). Fermer le sommet, laisser 15 à 30 min puis ranger les hausses dans un lieu clos. Réitérer 10 à 15 jours plus tard (éclosion des œufs). Ranger définitivement les hausses avec des feuilles de noyer entre les hausses (c'est un plus).
- Dans un lieu très ventilé à l'abri de la pluie, empiler les hausses sur un support avec grilles à reine en bas et en haut pour éviter les rongeurs. Les teignes ne se développent pas dans le courant d'air. Par précaution, toutes les 3 hausses, mettre une cale de 3 mm dans chaque angle pour accroître la ventilation.
- Dans un lieu aéré, empiler les hausses sur une surface plane. Au sommet, poser une hausse vide, mettre dans une coupelle en plastique 50 ml d'acide formique à 60 % ou 80 %, voire de l'acide acétique glacial (pur) ; fermer avec une plaque de bois (l'acide fait rouiller le métal). Réiterer deux fois par mois jusqu'en novembre. L'acide acétique désinfecte aussi contre la nosémose. Utiliser des gants chimie ».

Bac à désoperculer, extracteur, maturateur.

Désoperculation au couteau.

Herse à désoperculer.

Posez ensuite la hausse sur un toit retourné et installez dessus une toile lestée pour éviter que les abeilles ne reviennent rapidement envahir les rayons. Les chasse-abeilles seront enlevés plus tard, une fois l'extraction faite.

• *L'extraction*

Désoperculer chaque cadre est facile lorsque le rayon déborde largement le cadre en bois, mais plus délicat lorsque la construction est en creux par rapport au cadre. Vous utiliserez dans ce cas la partie courbe du couteau. Placez les cadres dans l'extracteur et faites-les tourner, lentement mais longtemps. Vous éviterez ainsi la casse des rayons.

MON CONSEIL : *Pour la plupart des miels, l'extracteur radiaire est le plus efficace, il contient un grand nombre de cadres. Pour les miels visqueux, l'extracteur tangentiel paraît mieux adapté. Le modèle à cages réversibles est très confortable, il évite de retourner à la main les cadres pour en extraire chacune des faces.*

• *Le léchage des hausses*

Les hausses, poisseuses de miel, devront être « léchées » par les abeilles avant d'être rangées. Soit vous posez un couvre-cadre ouvert sur le corps et 2 ou 3 hausses dessus, le tout bien fermé par un couvre-cadre et le toit. Mettre les réducteurs d'entrée. Elles seront nettoyées en 24 h sans pillage, qui est le risque majeur de cette opération. Soit vous les mettez à lécher à l'air libre, éloignées de 100 m au moins du rucher (mais aussi des habitations), posées en quinconce les unes sur les autres. Les abeilles viendront en masse nettoyer le miel, ce sera un brouhaha incroyable tout autour. Mieux vaut alors ne pas y être ! Une fois léchées, rangez les hausses dans un local à l'abri du soleil, sec ou très aéré.

SE PROTÉGER DU FRELON ASIATIQUE

Suivre les indications de votre GDSA. Les risques associés au frelon asiatique ne sont pas identiques selon l'endroit et le moment.

A minima, lors d'attaque des colonies, piéger tout autour du rucher et à une certaine distance pour éviter d'attirer les frelons dans le rucher.

Équiper toutes les ruches des portières *ad hoc*, laisser de grandes herbes gêner l'entrée des ruches, le frelon ne pourra pas foncer sur les abeilles.

Préparer les réserves de miel pour l'hiver

C'est dès juillet que se prépare l'hivernage : il doit se faire sur des colonies fortes, en bonne santé, dotées d'abondantes réserves. Or, la récolte vient justement de retirer aux colonies une bonne partie de leur stock de miel, et rares sont les années où corps et hausses sont bourrés de miel en même temps. Il faut par conséquent réduire ce handicap en nourrissant les colonies.

Nourrir la colonie

Réalisée en principe mi-juillet, la récolte doit s'accompagner d'un nourrissement massif de la colonie, pouvant aller jusqu'à lui donner 15 l de sirop concentré. Ce nourrissement va temporairement bloquer la ponte de la reine, mais rapidement les abeilles transforment ce sirop en miel et libèrent la place pour la ponte de la reine. La colonie bien nourrie par cet apport conséquent de sucre, la reine reprend une ponte élevée. La colonie peut alors se développer au moment où les floraisons environnantes n'entretiennent plus correctement la dynamique des populations d'abeilles.

Suite à cette opération, la ruche devrait atteindre en pesée arrière 18 à 20 kg. Les provisions d'hiver sont alors assurées.

L'équilibre à trouver entre la surface de couvain et celle du miel s'obtient en jouant sur la manière dont on nourrit :

- *Apport massif de sirop concentré :* les abeilles stockent, elles sont saturées de sirop.
- *Apport limité* (250 à 500 ml selon la taille de la colonie) de sirop léger (20 à 30 % de sucre, voire 50 % tout au plus) en faible quantité : les abeilles sont juste nourries. Mais ainsi nourries régulièrement, leurs glandes hypopharyngiennes et leurs glandes cirières se déclenchent. La gelée royale abonde, la reine bien nourrie à son tour se met à pondre. Si le sucre est de qualité, les cirières continuent leur œuvre !

Dans le cas où l'apport massif de sirop concentré produit un envahissement de l'espace du couvain (aussi appelé espace de ponte ou nid à couvain), attendre une semaine avant de nourrir de nouveau ou ajouter un cadre bâti vide au centre du nid à couvain et apporter du sirop léger en faible quantité. Une fois la ponte repartie, cesser tout nourrissement sauf si les stocks constitués sont de nouveau entamés, du fait d'une sécheresse par exemple.

Nourrir est un savoir-faire à acquérir.

LE BON DOSAGE

Le sirop de nourrissement pour constituer les réserves est composé d'un mélange de 2 kg de sucre/1 litre d'eau. Les préparations du commerce faites à partir d'amidon inverti de blé sont encore plus concentrées. Inodores, ces isomères seront parfumés avec un peu de miel pour attirer les abeilles.
Pour garantir la qualité des abeilles d'hivernage, il est conseillé d'ajouter des compléments alimentaires au sirop.

NETTOYER LE MATÉRIEL D'EXTRACTION

Le miel est un sucre, l'eau chaude pure suffit. Aucun détergent n'est à utiliser, propolis et cire y sont insensibles. Il existe un spray nettoyant cire/propolis très efficace à base de potasse caustique, bien rincer après usage. Produit très corrosif, utiliser des gants « chimie » et des lunettes ou visière de protection.

Chasser les abeilles avec un puissant souffleur fait moins de dégâts qu'avec une balayette.

Chargement des hausses pleines.

L'ÉLEVAGE DES REINES

Une fois par semaine, nourrir les nucléis avec un verre de sirop (250 ml). Deux fois par semaine nourrir les essaims artificiels avec 2 verres de sirop. Les reines de qualité fournissent un couvain régulier sur toute la surface des rayons, excepté une frange de miel au sommet. Si besoin, apportez des cadres bâtis, il est rare en effet que les essaims artificiels, peu populeux, arrivent à construire rapidement leurs rayons. En tout état de cause, il faut viser 5 cadres pleins de couvain et de miel d'ici à 2 mois.

Et aussi...

Les cadres de hausse bien conservés et n'ayant pas contenu de couvain sont utilisables pendant 10 ans. Les cadres de corps sont à remplacer si possible tous les 3 ans. La cire des opercules est réputée pure, elle peut être recyclée pour faire de la cire gaufrée. La cire des cadres de corps contient des produits chimiques issus des traitements anti-varroa qui interdisent de la recycler pour la ruche.

LA BONNE PRATIQUE DU MOIS

Lors de la levée des hausses, veillez tout particulièrement à :
- enfumer très peu pour éviter l'odeur dans le miel
- ne pas utiliser de résineux, du carton, des croquettes de luzerne qui introduiraient des odeurs dans le miel
- ne pas utiliser de répulsifs autres qu'alimentaires, l'essence de mirbane ou nitrobenzène est à proscrire, certains pays l'ont interdit
- ne pas extraire les cadres contenant du couvain pour éviter de contaminer le miel par des maladies du couvain
- ne pas pulvériser d'eau pour chasser ou calmer les abeilles, elle se mélangerait au miel
- ne pas poser les hausses au sol, mais sur des supports propres, et les transporter fermées pour éviter le pillage et les poussières.

CYCLE DE VIE DE VARROA

Il se reproduit dans le couvain. La femelle pond un œuf toutes les 30 heures sur la larve operculée. À sa naissance, l'abeille peut être porteuse de plusieurs femelles varroas prêtes à se reproduire.

Quelques jours après sa naissance, durant sa période nourrice, la jeune abeille, en s'introduisant dans les cellules pour nourrir les larves, perd son prédateur attiré par les phéromones de la larve.

Les phéromones des larves de mâles séduisent davantage les femelles varroas que celles d'ouvrières. On utilisera cette particularité pour lutter contre la prolifération de ce parasite (p. 41).

Lorsque naissent 100 abeilles, apparaissent entre 225 et 240 varroas. À cette dynamique de reproduction, s'ajoute sa longévité (90 jours), le double de celle des abeilles. Ces deux facteurs conduisent à une progression théorique de la population des varroas de 1 à 1000 entre mars et octobre. L'idéal serait d'atteindre zéro varroa en janvier.

Le nombre des abeilles est à son apogée entre juin et juillet puis décroît alors que celui des varroas continue de croître. Lorsque le nombre des varroas dépasse celui des abeilles, la colonie est menacée de disparition. Ce sont les mortalités d'été et d'automne. Les colonies sont vides d'abeilles, quelques plaques de couvain peuvent encore subsister, le miel est pillé. On ne retrouve guère de cadavres.

Durant la morte-saison, qui va durer 4 mois, les abeilles nées dans le courant de l'automne ou en fin d'été devront survivre jusqu'en mars. Sa prédation réduit la survie du groupe d'abeilles d'hiver de plus d'un mois, de sorte que les mortalités hivernales explosent.

Varroa obère la récolte, les études montrent qu'une colonie infestée par 3 000 varroas ne peut produire de miel et sa survie est menacée.

PROTOCOLE DE LUTTE CONTRE VARROA

Traitement de printemps : destruction de couvain de mâles en avril, mai. Voir p. 41.

Traitements avec des acides organiques entre les miellées.

En été avec des molécules de synthèse ou des acides organiques.

En fin d'automne : avec de l'acide oxalique par dégouttement si besoin. La preuve de la réussite du traitement est l'apparition de beaux cadres pondus au carré d'un couvain serré. Remarque : Les traitements aux acides organiques ne permettent pas des survies de reines supérieures à 2 ans le plus souvent. Suivre avec attention les protocoles qui se développent avec l'emploi de l'acide oxalique.

Apprendre à compter les varroas est le complément indispensable du traitement contre varroa.

Les groupements et associations de défense sanitaires apicoles sont les lieux privilégiés pour se former aux méthodes de comptage et de lutte contre varroa et rencontrer des collègues expérimentés.

Améliorer ses connaissances

La FNOSAD est l'organisme créé par des apiculteurs il y a plus de 50 ans pour développer les pratiques les plus adaptées pour lutter contre les maladies et les prédateurs des abeilles. L'INRA est également une source privilégiée pour accéder aux travaux des chercheurs dans le domaine apicole.

Rappel : N'employer que des produits disposant d'une AMM (autorisation de mise sur le marché), respecter les doses et les modalités d'application. Noter vos traitements dans le registre d'élevage : molécule, n° de lot, quantité mise dans chacune des ruches, date, durée.

AOÛT

**C'est le mois creux par excellence dans la plupart des régions, sauf pour les transhumants qui suivent les différentes zones de floraison. En montagne, les apiculteurs ont intérêt à faire de même pour profiter des miellées successives.
Mais côté rucher, c'est (presque) le temps des vacances !**

LA MÉTÉO DU MOIS

Chaleur et beau temps sont de mise jusqu'au milieu du mois. Vers le 15 août, il n'est pas rare que la pluie revienne. La sève remonte dans les feuilles et la « poussée d'août » (c'est ainsi qu'on l'appelle) signe l'époque des greffes à œil dormant. Les fleurs apparaissent de nouveau dans les jardins, c'est en effet souvent à cette période que les semis d'annuelles donnent le mieux, offrant des massifs bien fleuris. La durée de l'ensoleillement baisse cependant rapidement, le temps de collecte pour les butineuses est donc de plus en plus court.

LES FLORAISONS

Des floraisons spécifiques apparaissent en août, elles viendront en renfort des réserves d'hiver et les pollens encore abondants à cette période fourniront également des abeilles d'hiver de qualité. On entre dans une période cependant moins riche en pollens et en nectar, avec un impact sur la taille des populations futures.
Du côté des arbres et des arbustes, signalons la floraison du sophora du Japon, l'un des meilleurs arbres mellifères qui soit. Les abeilles butinent les fleurs tombées à terre tant que le nectar est abondant. Très florifère (à condition d'attendre 20 ans !).
L'agneau chaste, un arbuste buissonnant très mellifère, fleurit également en août. Tout comme l'hovenia à fruits doux, qui peut atteindre 8 à 10 m de hauteur. La saveur de ce miel de qualité rappelle celle du tilleul, mais sa couleur est plus foncée.
Août voit également fleurir l'agripaume cardiaque ou léonure, qui donne un miel clair doré, parfumé et agréable au goût, mais aussi les asclépiades, vivaces herbacées qui fournissent un excellent miel jaune clair au parfum délicat et au goût exquis. Ces plantes piègent souvent les abeilles qui s'emmêlent dans leurs fleurs.
L'ampélopsis est aussi une excellente source de pollen. Cette vigne vierge est très visitée par les abeilles qui ne sont jamais agressives lorsqu'elles y butinent, trop occupées à collecter leur précieux butin.
Citons encore l'aunée officinale, la bourrache (peu visitée par les abeilles qui lui préfèrent des fleurs plus riches ou plus abondantes), les bruyères ou callunes, la buglosse, l'épiaire, l'épilobe et la menthe. Enfin l'arbre à miel (*Tetradium daniellii* ou *Euoda daniellii)*, souvent planté en ville, donne une abondante floraison très appréciée des abeilles.

Agneau chaste *(Vitex)*.

Bourrache.

Abeilles dans la ruche.

Miel operculé, nectar en phase de concentration, couvain ouvert.

LA VIE DE LA COLONIE

Après le nourrissement massif de juillet, la colonie transforme le sirop en miel. Les abeilles absorbent du sirop dont elles régurgitent une partie après l'avoir concentré et lui avoir ajouté des enzymes. Cette régurgitation se fait en direction des autres abeilles, mais également dans une cellule surélevée où se trouve déjà du sirop concentré que les abeilles complètent peu à peu, jusqu'à obtenir un miel enrichi en enzymes. L'operculation intervient alors que la teneur en eau n'excède pas 18 %. La conservation est ainsi assurée.

Parallèlement, un espace de plus en plus grand se libère au sein du nid à couvain. Dans cette activité de concentration du sirop, la nourriture stimule en effet les glandes hypopharyngiennes, la gelée royale abonde, et la ponte de la reine reprend rapidement. Le couvain s'étale alors dans la colonie ; la population, en chute depuis le mois de juillet, se stabilise. Elle remontera dans les semaines qui suivent avant de décroître en octobre. Le but de l'opération étant de garantir une très forte population de jeunes abeilles au début de l'automne.

BIOLOGIE DE L'ABEILLE

Cette activité de concentration du sirop est néfaste pour les abeilles qui en ont la charge. Leur tube digestif s'use en effet rapidement, avec un impact certain sur leur durée de vie.

En contrepartie, le couvain qui naîtra fin août et en septembre donnera des abeilles en bonne santé et qui le resteront, la plupart d'entre elles seront au repos. En effet, une fois les réserves engrangées, la colonie n'amasse plus et l'activité de la plupart des abeilles consiste alors uniquement à manger du pollen et à dévorer une partie du couvain ouvert, c'est un apport massif de protéines, lipides et glucides, sources importantes de corps gras. Indispensables pour l'hivernage et la reprise de la ponte, ces corps gras s'épuisent cependant au cours de l'hivernage lorsque l'infestation en varroas et *Nosema apis* est trop élevée. Traiter en automne et en hiver pour assurer une alimentation enrichie en protéines est donc indispensable pour garantir la survie des jeunes abeilles.

Dans le même temps, les glandes hypopharyngiennes des abeilles restent actives, leur vieillissement est stoppé et ces abeilles seront aptes à reprendre leur fonction de nourrices dès que le thermomètre remonte (janvier ou février). Quand l'hiver est doux, l'activité des nourrices ne cesse d'ailleurs jamais vraiment, et elles entretiennent en permanence un petit couvain.

HYGIÈNE ET SANTÉ DU RUCHER

Rien de particulier à faire en août, sinon effectuer le second traitement contre le varroa.
Celui-ci doit être réalisé au plus tard dans la 2nde quinzaine d'août, avec des lanières à diffusion lente, imprégnées d'une molécule chimique acaricide. Cette exigence interdit d'utiliser des formules personnelles de fabrication.
Une autre solution consiste à utiliser à utiliser les acides organiques oxaliques ou formiques. Voir p. 101.

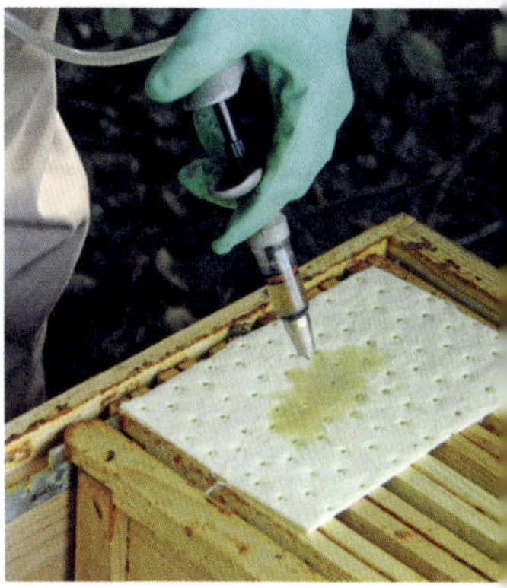

Traitement acide formique.

Pose des lanières anti-varroa.

LES TRAVAUX AU RUCHER

Traiter contre le varroa avec des lanières

La méthode de lutte contre varroa la plus simple à cette époque de l'année pour nombre d'apiculteurs est l'usage de molécules de synthèse à base d'Amitraz ou de Tau fluvalinate. D'autres méthodes sont possibles mais nécessitent d'y être formé comme indiqué antérieurement. La durée du traitement fut fixée lors des demandes d'AMM* il y a plus de 20 ans entre 6 et 10 semaines. Il est rapidement apparu que l'utilisation devait être de 12 semaines et jusqu'au moment où les pillages disparaissent car les risques de réinfestation sont majeurs lors du pillage d'une ruche faible. Le retrait à la limite d'ouverture des ruches est impératif.
Les lanières doivent être placées dans le couvain et non déborder sur la tête des cadres. Ce sont des produits de contact, les abeilles nouvellement nées toucheront ces lanières et transmettront par contact avec leurs congénères l'acaricide. Ce positionnement dans le couvain est impératif car ces molécules chimiques ne circulent guère par l'atmosphère de la ruche.
Ne pas oublier les essaims et les nucléis.

UN 3e TRAITEMENT

En l'absence de couvain, un 3e traitement à l'acide oxalique devra être fait en décembre ou janvier. Bien respecter les doses et les techniques de traitement, ces produits (y compris les huiles essentielles) sont agressifs pour les abeilles et réduisent la fécondité ainsi que la durée de vie des reines.

Mélangeur pour faire du miel crémeux.

Soutirage de l'extracteur.

Miel crémeux.

Les soins au miel

• *La mise en pot du miel*

Après avoir été filtré puis décanté, le miel est prêt à être mis en pot. N'hésitez pas à le mettre en valeur dans de jolis contenants, avec de belles étiquettes, qui viendront couronner une année de labeur ! Les mentions légales lors de la vente imposent une date de durabilité minimale (comptez 1 an après la récolte), et la référence de l'emballeur, c'est-à-dire vos nom et adresse. De tous les contenants, le verre a ma préférence. Sa transparence est parfaite, il est étanche et ne diffuse aucun produit étranger au miel. La couleur du miel y est bien visible et son goût demeure intact. Certes il vieillira, mais sans influence externe.

• *Le miel crémeux*

Aujourd'hui les miels crémeux sont très prisés. La cristallisation est un phénomène normal, plus ou moins rapide selon la température et la nature des sucres présents dans le miel, sa cristallisation donnera un produit plus ou moins dur. Les miels riches en glucose (colza, par exemple) cristallisent très vite, ceux riches en mélézitose deviennent durs comme du béton et les abeilles ne peuvent pas même le sortir des rayons, ceux riches en fructose (acacia, par exemple) peuvent ne pas cristalliser à température ordinaire.

Le miel cristallisé se défige aux environs de 40 °C, température à surveiller car au-delà de 50 °C, une décomposition s'opère, produisant de l'hydroxyméthylfurfural (HMF), toxique pour les abeilles et dont le taux de présence dans le miel est un indicateur de son vieillissement.

Les professionnels provoquent une cristallisation dirigée pour obtenir une pâte de miel qui ne durcit pas. C'est un procédé purement mécanique sans aucun additif (pas de sucre cristallisé).

L'amateur ne disposant pas des matériels *ad hoc* se contentera de mélanger 10 % d'un miel de cristallisation très fine avec son miel liquide. Après un malaxage soigneux à vitesse lente, il le mettra en pots. Le miel, placé au réfrigérateur, cristallisera suivant le format des cristaux incorporés.

Réduire les colonies

Dès que les abeilles ont suffisamment amassé de miel pour l'hiver, ouvrir les ruches et vérifier l'état des réserves. Enlever les cadres vides ou insuffisamment pleins. Ne conserver dans

L'ÉLEVAGE DES REINES

En principe, l'élevage des reines est achevé en août. Dans les semaines à venir, vous utiliserez les reines que vous avez pris la précaution d'élever dans les nucléis. Lorsqu'elles deviendront orphelines, ces petites colonies vont peut-être élever une nouvelle reine. Laissez faire la nature, si de nouvelles reines apparaissent, il sera toujours temps de voir comment les employer. En attendant, ce mois-ci vous constituerez des essaims artificiels soit en divisant les très fortes colonies, soit en prenant, dans plusieurs colonies assez fortes pour supporter cet emprunt, quatre cadres de couvain et de miel avec leurs abeilles. Bien parfumer chacun des cadres. Introduire ensuite une reine (sans accompagnatrices) dans une cagette, fermée par un bouchon de candi. Complétez avec un cadre bâti. Éloigner ces ruchettes de 3 km, ou leur faire passer deux nuits en cave pour éviter le retour des butineuses dans les ruches d'origine. Lorsque l'on dispose de très fortes colonies de production, cette méthode permet d'accroître encore le nombre d'essaims artificiels utiles pour renouveler le cheptel l'année suivante. Les équiper d'une lanière anti-varroa.

la ruche que ceux qui sont remplis au moins à moitié. Mettre une partition. Décaler la colonie vers la face la plus au soleil tôt le matin (elle peut être resserrée jusqu'à 5 cadres car, avec un couvain sur 2 cadres et 3 cadres de miel à cette époque, la colonie est pratiquement assurée de passer l'hiver). Si la reine est de l'année, le démarrage en mars sera très certainement de qualité. Si la reine est vieille, vous aurez en revanche intérêt à la changer car elle risque d'être stérile l'année suivante.

Et aussi...

Nourrir les essaims artificiels qui manquent de butineuses pour assurer leur développement. Leur donner deux verres de sirop, et cela deux fois par semaine.

LA BONNE PRATIQUE DU MOIS

Pour limiter les risques de nosémose, faire évaporer une coupelle d'acide acétique pur (« acide glacial ») au sommet des piles de hausses qui contiennent des cadres construits. L'évaporation se fait par des températures comprises entre 20 °C et 25 °C.
Cette pratique doit être notée sur le registre d'élevage.

RÉUNIR DEUX RUCHES

Si la division se fait aisément au printemps, de préférence en pleine période d'essaimage, la réunion s'effectue en fin de saison sur les colonies qui ne se sont pas suffisamment développées.
Réunir deux ruches demande au préalable de rechercher la vieille reine et de l'éliminer, sans quoi l'opération échoue.

1

Rapprochez les deux colonies à réunir en faisant glisser chaque jour les ruches de 50 cm à 1 m.

LE « TRUC » DU PARFUM

Pour faciliter la réunion de deux ruches, « parfumez » les abeilles sur chacun des cadres, pour perturber les messages donnés par leurs phéromones. Dissoudre quelques millilitres d'essence d'eucalyptus dans 125 cm^3 d'alcool à 90°.
Mettre ensuite 1 cuillère à soupe de ce mélange dans 1 litre d'eau, ou acheter en pharmacie des ampoules d'eucalyptus soluble (1 ampoule/litre d'eau).

2

Choisir une ruche propre (qui prendra la place de la colonie la plus forte) et placer au centre la jeune reine sur son cadre, entourée de ses abeilles.

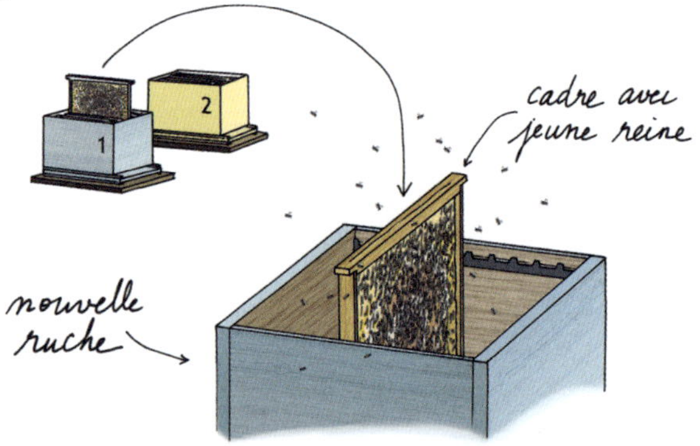

4

Sortir de l'autre ruche tous les cadres de couvain avec les abeilles dessus et les mettre de chaque côté des cadres de la jeune reine. Compléter par des cadres de pollen, puis de miel.

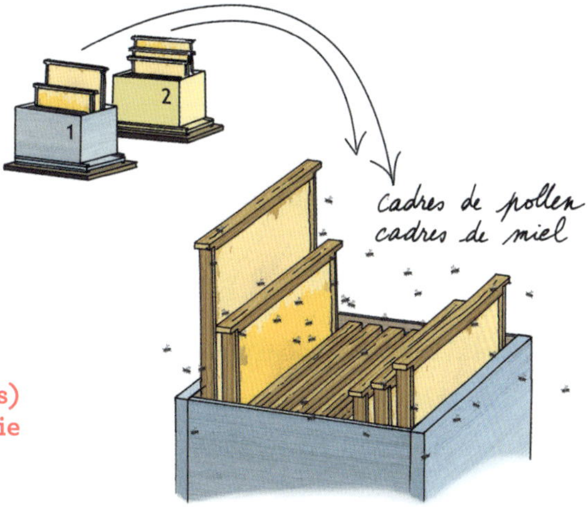

3

Mettre de chaque côté le(s) cadre(s) de couvain provenant de la colonie de cette reine, avec leurs abeilles.
Mettre de côté les cadres de pollen et de miel : vous recomposerez ensuite une colonie avec l'ordre habituel des cadres : couvain au centre, pollen contre couvain, puis miel.

SEPTEMBRE

Pour beaucoup, septembre marque la fin des vacances et la rentrée des classes... Pour l'apiculteur, ce mois de transition ouvre la période du conditionnement des colonies pour l'hivernage. Après un mois d'août plutôt calme, le travail au rucher reprend activement. La visite d'automne fournira un état des lieux permettant de définir les actions à conduire avant le repos hivernal. Celles-ci sont en effet déterminantes pour assurer la survie des colonies jusqu'au printemps prochain.

LA MÉTÉO DU MOIS

Souvent encore chaud, avec des températures qui peuvent atteindre certains jours 25 °C dans le Sud de la France, septembre annonce malgré tout l'automne tout proche. Les alternances de pluie et de soleil s'accompagnent d'un ensoleillement moindre, les jours commencent à baisser de façon sensible, la nature change, les volumes de fleurs diminuent même si les jardins semblent en regorger.

LES FLORAISONS

En production plus limitée que pendant l'été, le nectar et les pollens de septembre servent à fabriquer les abeilles d'hiver et à compléter les réserves avec un miel particulièrement riche en antibiotiques naturels, excellents pour la santé des abeilles. Très visitées par les butineuses, les asters, grandes vivaces herbacées, fleurissent jusqu'en novembre.

Le lierre commun apporte une ressource utile aux abeilles pour compléter leurs réserves. Son pollen est important à un moment où se forment les abeilles d'hiver. Les arbousiers fleurissent de septembre à janvier dans leurs régions de prédilection. Utilisée comme fourrage, la luzerne, est fauchée le plus souvent avant les fleurs. Seules les luzernes cultivées pour les graines arrivent à floraison et sont donc utiles pour l'apiculture. Suivant les régions, le sapin peut être mentionné dès septembre et jusqu'en octobre. La renouée du japon, plante invasive s'il en est, apporte pour les abeilles une excellente ressource pour compléter abondamment les réserves hivernales. Elle est d'autant plus riche qu'elle se développe préférentiellement dans les zones humides, ce qui assure la production du nectar.

Suivant les régions, le sapin peut être mentionné encore en septembre. Ce n'est pas un miel de fleur, mais un exsudat de pucerons qui sucent la sève de la plante et rejettent sucres et sels minéraux. Ce mélange butiné par les abeilles donne un miellat au goût prononcé très apprécié.

LE MIEL DE SAPIN, TOXIQUE POUR LES ABEILLES

Tous les miellats sont toxiques pour les abeilles, car ils contiennent un grand nombre de sels minéraux que leur organisme supporte mal. Les désordres intestinaux qui s'ensuivent mettent souvent en péril la survie de la colonie au cours de l'hiver. Le miel de sapin doit donc être totalement extrait de la ruche, y compris celui présent dans les cadres de corps, et remplacé immédiatement par un nourrissement massif.
Le risque, en effet, c'est l'hivernage d'abeilles vieillies par le stockage et la transformation du sirop en miel, et qui meurent alors de vieillesse en mars, notamment lors des hivers froids et longs.

Asters.

Nid de guêpes.

LA VIE DE LA COLONIE

Après avoir connu un regain de vigueur avec une ponte de la reine en reprise en août, les populations poursuivent leur lente et inexorable décroissance. Ce déclin démographique est entraîné à la fois par des jours plus courts, limitant le temps de travail des butineuses, et par une ressource alimentaire environnementale moindre. La taille de la population s'adapte à ces conditions. Les abeilles ne s'épuisent pas à élever du couvain et la surface de celui-ci diminue rapidement depuis la mi-août.

RESSOURCES ALIMENTAIRES ET DÉMOGRAPHIE

La vitesse de reproduction des populations d'insectes est telle que leur volume suit les fluctuations des ressources alimentaires. Le travail de l'apiculteur consiste donc à jouer avec les lois de la nature pour pousser les abeilles à produire au-delà de leurs besoins, et à récupérer ensuite une partie de leur butin !

BIOLOGIE DE L'ABEILLE

Les abeilles de nos régions ont une longévité hivernale naturelle de 150 jours en moyenne, ce qui est supérieur à celle des races des pays tropicaux lors des périodes de sécheresse, qui ne dépasse guère 28 jours en moyenne. C'est du moins ce que montrent les travaux des généticiens lorsqu'ils comparent les abeilles des pays aux climats tempérés avec celles qui vivent sous les tropiques.

Mais cette adaptation de nos races européennes ne saurait suffire en soi, l'apiculteur devant veiller parallèlement à préserver au mieux ces abeilles d'automne.

Pour mémoire, la période durant laquelle les colonies se reproduisent rapidement et peuvent se constituer des réserves d'hiver est très courte : elle occupe le printemps et une petite partie de l'été. Nos abeilles se sont adaptées pour suivre ce cycle, l'automne n'offrant pas assez de nourriture pour donner aux colonies de quoi passer l'hiver. Malgré cette caractéristique génétique de nos abeilles, il faut savoir que nombre de colonies sauvages ne survivent pas à l'hiver du fait de leur trop petite taille et de leur incapacité à produire les réserves nécessaires. Notre conduite des colonies doit en tenir compte. C'est pourquoi, dès la récolte de juillet, il est important de simuler une forte miellée en apportant massivement de la nourriture pour que les colonies puissent commencer à constituer leurs réserves d'hiver.

Rayons de miel.

Visiteuses au sommet des cadres.

HYGIÈNE ET SANTÉ DU RUCHER

Poursuivre le traitement contre le varroa

Le traitement contre le varroa doit être rigoureux, il se fait en combinant trois actions. Pour mémoire :

1. Une lutte biotechnique, qui revient à utiliser des plateaux de sol grillagés toute l'année et la destruction de rayons à mâles operculés vers avril.
2. Une lutte chimique, à l'aide d'un traitement flash juste après la récolte de juillet, et un traitement avec des lanières à partir de mi-août. Celui-ci devra être poursuivi durant les 12 semaines qui suivent l'introduction des lanières, soit jusqu'en novembre environ.
3. Enfin, en l'absence de couvain, un traitement complémentaire à l'acide oxalique entre novembre et janvier. Ces méthodes « bio » avec acides exigent un savoir-faire à acquérir avec des formations adaptées.

Grains de pollen.

Marquage de la reine.

LES TRAVAUX AU RUCHER

Réunir les ruches faibles et resserrer les colonies

Le travail de réunion des ruches se poursuit en septembre. Il faut enlever les cadres vides, ajouter si besoin des cadres de miel et resserrer l'ensemble des colonies jusqu'à ne leur laisser que cinq cadres de couvain, de miel et de pollen, les abeilles en occupant quatre. Il est important que les cadres de miel soient bien remplis, sur la plus grande hauteur possible, pour que la grappe hivernale puisse se nourrir longtemps sur un même cadre et en changer lorsqu'un regain de chaleur lui permettra de se disloquer et de visiter toute la ruche. L'opération s'effectue en limitant l'espace vide par une partition qui tient la chaleur.

FAIRE DES PARTITIONS

Le plus simple est d'utiliser du polystyrène extrudé de 20 mm d'épaisseur environ. Les partitions entreront à frottement doux à la place d'un cadre et seront suspendues par deux pointes de 50 mm TH, qui doivent affleurer le couvre-cadre.

À SAVOIR : *À la suite des travaux de Marc Guillemain, la partition recouverte d'un isolant réfléchissant permet de maintenir une température élevée au sein du couvain. Mieux chauffées, les abeilles consomment moins de miel.*

Contrôler les reines

Depuis août, vous contrôlez la qualité des reines d'élevage. Contrôle simple, dans la mesure où il vous suffit d'observer la reine, les jeunes abeilles, la quantité et la densité du couvain. Une reine longue et agile est un signe positif. De même que des jeunes abeilles bien formées, sans ailes rongées, sans pattes atrophiées, avec un abdomen bien développé. Le couvain, lui, doit être régulier et abondant.

En revanche, lorsqu'une grande quantité de miel brille çà et là au sein des plaques de couvain, tout laisse à penser que la reine pond des œufs que les abeilles détruisent. Celle-ci n'étant pas sur le cadre pour y pondre, les butineuses déposent du nectar dans les cellules libérées. Il semblerait que les larves issues d'œufs fécondés par du sperme provenant de mâles « frères » de la reine dégagent une phéromone qui provoquerait ce cannibalisme des ouvrières.

Par ailleurs, des larves non operculées que l'on voit affleurer les cellules, ou qui se dessèchent, laissent supposer un problème de loque européenne.

Dans tous ces cas de figure, les reines sont à détruire.

Lorsque les reines d'élevage sont conduites dans des ruchettes cinq cadres, aucun transfert n'est à opérer maintenant. En août, vous aurez regroupé les ruchettes d'élevage un peu faibles. Ces colonies sur 5 cadres, avec leurs reines, seront réunies aux ruches de production en mars de l'année suivante, avec destruction de la reine la plus âgée. Seule précaution à prendre à ce moment-là : lui apporter un cadre de miel operculé vide d'abeilles, si les 5 cadres de la colonie ne sont pas assez riches en miel, ou tous occupés par du couvain. Si l'on dispose de

Beau cadre de couvain operculé en fin de saison.

cadres de miels bien pleins par ailleurs, on peut tout à fait remplacer un cadre à moitié vide par un autre bien plein, ou alors nourrir. Cet apport devrait permettre à la colonie d'évoluer favorablement jusqu'à atteindre en octobre 5 cadres occupés par des abeilles, dont environ 4 de miel.

Si tel n'est pas le cas, vous ferez hiverner les jeunes reines dans des colonies de production importantes et en bonne santé. Les nucléis insuffisamment pourvus en miel pourraient en effet ne pas survivre et les reines seraient alors perdues.

Selon les régions, l'introduction dans les colonies de production se fait fin septembre tout au plus. Plus tard le risque de supersédure peut engendrer des naissances tardives de reines qui seront mal, voire non fécondées. On retrouve en mars des colonies orphelines.

Lors des changements de reines, la supersédure est courante. Ce changement de reine sans essaimage atteint jusqu'à 50 % des reines introduites sans que l'on puisse le contrôler.

Reine.

Redescendre les colonies en plaine

En altitude, la neige commence à faire son apparition, le temps est donc venu de redescendre les colonies pour leur donner le temps de se constituer un groupe de jeunes abeilles aptes à passer l'hiver. Elles y resteront jusqu'à la reprise de la floraison en montagne. À ce moment-là, les colonies bien démarrées seront vidées le plus possible de leur miel de plaine, puis montées sur les fleurs de montagne.

Et aussi...

Si vous êtes amateur, vos besoins en reines sont limités et vous les élèverez plutôt dans des ruchettes 5 cadres. Cela permet de les évaluer facilement pour les amener en septembre sur cinq cadres pleins de miel, de pollen et de couvain, puis de procéder à des réunions en mars de l'année suivante. Vous conduirez autant de ruchettes que de ruches de production.

Cérificateur solaire pour la fonte des opercules de cire.

Dadant posée sur une hausse.

Certificateur solaire.

DES TAUX DE SURVIE VARIABLES

Spécialiste de l'élevage des reines, Gilles Fert signale des travaux de recherche qui donnent les taux de survie des reines après leur introduction dans une colonie. Parmi les reines âgées de 7 jours au moment de leur introduction, 15 % seulement sont encore en vie au bout de 2 semaines. Âgées de 35 jours, elles sont en revanche 90 %. Et 72 % d'entre elles seront encore là 35 semaines plus tard. Ces observations plaident en faveur d'un remérage tard en saison, les reines étant alors âgées et donc mieux acceptées.

LA BONNE PRATIQUE DU MOIS

Le stockage du miel sur la longue durée se fait dans un local sec, frais, idéalement de 15 °C environ, protégé du soleil. Si le miel contient plus de 19 % d'eau, il devra être stocké à une température inférieure à 11 °C. En présence de miellat, ce pourcentage est réduit à 18 %. Le pollen séché devra être conservé à l'abri de la lumière à une température idéalement inférieure à 15 °C. Le pollen congelé doit être maintenu à une température inférieure à - 18 °C.
La gelée royale fraîche se conserve à l'abri de la lumière à une température comprise entre 2 °C et 5 °C.

INTRODUIRE DES REINES

L'introduction d'une reine se fait toujours dans une ruche que l'on a orphelinée soi-même 1 semaine auparavant.

L'introduction sous une grille.
Pour mettre toutes les chances de votre côté, notamment si vous introduisez des reines de valeur, vous achèterez une grille d'introduction d'environ 12 x 15 x 1 cm, qui permet d'isoler la reine sur une plaque de couvain naissant. Sous cette plaque des abeilles vont naître, comme elles ne côtoient que la reine, elles s'imprègnent de ses phéromones et la défendront par la suite. Les abeilles de la colonie viennent nourrir ce petit groupe à travers la grille, que l'on enlèvera quelques jours plus tard.

À SAVOIR : *Il est déconseillé d'opérer les introductions de reines au moment des traitements anti-varroa par méthode flash.*

La cagette d'introduction.
Même si elle n'est pas infaillible, cette technique présente de très bons taux de réussite.

UNE CAGETTE SPÉCIFIQUE

Il existe un modèle de cage qui permet d'enchâsser un rayon entier durant 3 jours. Ce système occupe la place de 3 rayons et suppose de ne pas avoir de crampillons ou de système de blocage des cadres dans le bas des ruches (qui empêcherait d'introduire ce dispositif).
À travers le grillage, les abeilles nourrissent la reine et les jeunes abeilles. Dans cette configuration, un très grand nombre d'abeilles naissent et protégeront la reine. L'acceptation est ainsi quasi assurée.

1

Introduire la cagette contenant la reine, sans ses accompagnatrices, la porte fermée et un peu de candi entre deux cadres de couvain. Suspendue après avoir écarté les cadres pour en faciliter l'accès aux abeilles. La ruche orphelinée une semaine auparavant aura été débarrassée de toutes les CR que les abeilles auront élaborées. N'en oublier aucune, ce serait la mise à mort de la reine. 48 heures plus tard, si la cagette est couverte d'abeilles, ouvrir la portière, les abeilles consommeront le bouchon de candi et en quelques heures la reine sera libérée.

2

Grille sur couvain naissant sous laquelle on introduit la reine sans abeilles autour. En 48 heures environ, les abeilles naissantes auront adopté son odeur et la défendront lors de sa libération.

OCTOBRE

Les travaux d'hiver commencent. Le temps est venu d'entretenir le matériel. Une température un peu fraîche est idéale pour traiter les cadres à décirer, faire fondre la cire à l'air libre, la filtrer. Le nettoyage des cadres à la lessive de soude se fait également en extérieur. Mais gare si le temps est trop beau ! Les abeilles seront de sortie et, attirées par l'odeur de la cire fondue, viendront mettre leur grain de sel...

LA MÉTÉO DU MOIS

La fraîcheur et l'humidité deviennent persistantes, malgré de belles journées encore possibles. Le temps se rafraîchit progressivement, il devient maussade et pluvieux. Les températures moyennes sont de 10 °C à 15 °C suivant les régions, avec des minima aux alentours de 0 °C. Dans le Centre et l'Est de la France, on assiste aux premières gelées nocturnes, qui vont s'étendre progressivement dans le courant de ce mois d'octobre.

LES FLORAISONS

C'est la fin des floraisons mellifères. Quelques exceptions malgré tout: certains lierres donnent les derniers pollens abondants, intéressants pour les réserves hivernales qui permettent à la colonie de tenir jusqu'à la reprise de la ponte de la reine. En Provence et dans le midi de la France, les callunes et les arbousiers restent des ressources de dernier moment.

Lierre en fleur.

LA VIE DE LA COLONIE

La colonie se prépare à affronter l'hiver. La fraîcheur de plus en plus fréquente, la moindre durée des journées et la raréfaction des fleurs font que les butineuses ne récoltent plus grand-chose, et les derniers fruits crevés par les guêpes ne sont que de piètres sources de jus sucré. Les jeunes abeilles de la ruche n'ont plus d'activité, elles ne s'épuisent pas, consomment pollen et couvain ouvert, dynamisant ainsi leur organisme, préservant leur santé et leurs glandes nourricières en prévision du redémarrage du couvain dès janvier ou février.
Celui-ci est notablement réduit, un cadre tout au plus dans les ruchettes, rarement plus de deux dans les ruches 10 cadres. Mais tout dépend aussi bien sûr de la météo, de l'environnement floral et de l'état de la colonie durant les mois précédents.

Reine marquée.

BIOLOGIE DE L'ABEILLE

L'abeille n'hiberne pas à proprement parler (elle ne dort pas), mais elle vit au ralenti. Elle fait vibrer ses muscles du thorax et consomme en permanence du miel pour entretenir cette

LA « GRAPPE », ÉCONOME QUELLE QUE SOIT SA TAILLE

Plus la grappe est importante, plus la chaleur est conservée facilement par cet épais groupe vivant. Une grosse grappe ne consomme pas beaucoup plus de miel qu'une petite. Cette consommation demeure réduite, car la déperdition de chaleur est moindre. Dans une toute petite grappe, les abeilles doivent en effet lutter davantage pour maintenir la bonne température, elles ont donc besoin de miel en conséquence.

tétanisation. La plaque ventrale du thorax dégage alors une température de 40 °C. Serrées les unes contre les autres, les abeilles forment une grappe dont elles maintiennent la température au cœur entre 30 et 35 °C.
Elles vont lentement du cœur de la grappe, où elles font le plein de miel sur les rayons, vers l'extérieur de celle-ci. Grâce à ce processus, la ruche va pouvoir affronter de grands froids, à condition toutefois qu'elle soit correctement ventilée pour évacuer l'humidité. La grappe résiste en effet à des températures pouvant atteindre -5 °C dans la ruche. Des abeilles en bonne santé, disposant d'un miel de qualité, n'ont pratiquement pas besoin de rejeter de déchets. Elles passent ainsi de longues semaines en automne et en hiver, claustrées dans la ruche.
De temps à autre, un rayon de soleil leur permet de sortir pour vider leur ampoule rectale. Si le froid les empêche de sortir durant une longue période, la qualité du miel stocké intervient. Le miel pur sucre est consommé sans laisser de déchets qui leur encombrent l'intestin. Un miellat contient des sels minéraux qui restent dans l'intestin. Ne pouvant sortir, il arrive un moment où les abeilles défèquent dans la ruche disséminant des agents infectieux sur les rayons. Les maladies se propagent rapidement, nombre d'abeilles meurent et des colonies entières peuvent disparaître ou être terriblement affaiblies en fin d'hiver.

Rayons collés sur une vitre d'observation.

HYGIÈNE ET SANTÉ DU RUCHER

S'abstenir désormais de nourrir au sirop est déterminant pour la survie de la colonie, il est en effet essentiel de conserver de jeunes abeilles en bonne santé, c'est l'objectif premier de ce mois. En principe, les réserves ont été constituées pendant l'été par des abeilles qui vont être remplacées au fil des naissances à venir, et ce jusqu'à fin novembre.
Ce renouvellement de générations permet à la colonie de maintenir un très grand nombre de nourrices, indispensables pour la reprise de la ponte de la reine. D'aucuns disent que ne pas nourrir la colonie peut conduire à sa disparition.
Certes, mais avez-vous anticipé cet événement en faisant des réunions de ruches? Sans quoi, le mieux est alors de disperser une colonie faible. Quoi qu'il en soit, vous ne conserverez que des colonies ayant au moins quatre cadres couverts d'abeilles et de bonnes réserves de miel. Une colonie ramenée à 6 cadres de miel, pollen et couvain passe parfaitement la morte-saison.

Rucher couvert.

Portière réductrice d'entrée anti-frelon asiatique.

Partitions réfléchissantes.

LES TRAVAUX AU RUCHER

Préparer l'hivernage

Dès le début du mois, vous devez réduire les entrées pour éviter l'introduction des musaraignes, lézards et autres prédateurs. Inutile de les faire hiverner dans les réserves de la ruche ! Il existe des portières dont la largeur des passages correspond exactement à celui des abeilles.

En l'absence de portières, vous pouvez boucher les entrées de la ruche sur toute leur largeur par un tasseau de fermeture, retaillé pour ne laisser qu'un passage de 10 mm de hauteur. Pour limiter les dégâts dus à l'humidité, si vos planchers de sol n'étaient pas totalement grillagés, mettez une cale de 3 mm dans chaque angle entre le plateau de sol et le corps de ruche. Le courant d'air ainsi créé assainira la colonie. Pour ceux qui ont des plateaux de sol totalement grillagés, placer une hausse vide entre le plancher et le corps de ruche. En hiver, cela évite que le vent ne refroidisse trop la colonie, ralentissant du même coup la reprise de la ponte de la reine. En été, ce volume vide évite aux colonies de « faire la barbe ». C'est une technique des pays germaniques préconisée par le frère Adam. Réduire l'espace de vie des abeilles à 6 cadres, si possible, avec des partitions réfléchissantes, source d'économies de nourriture et gage d'un redémarrage précoce de la ponte de la reine.

Cocons de teigne.

Pesée arrière au peson électronique.

Pesée totale au Scalapi.

La visite d'automne

On atteint les températures limites pour l'ouverture des ruches et le travail sur les colonies. Vous pouvez cependant, en fin de mois et par beau temps, retirer les lanières de traitement anti-varroa. Ce sera la dernière visite de l'année. Les ruches qui n'ont pas quatre cadres de miel et un cadre de couvain seront dispersées. Marquez les dernières reines qui ne le sont pas encore. Notez également les ruches qui, selon vous, ont des réserves un peu justes (par exemple celles qui ont presque quatre cadres de miel, mais pas tout à fait...), vous leur mettrez rapidement fin novembre un pain de candi sur le couvre-cadre. Si vous trouvez une ou deux ruches trop faibles, vous les disperserez et utiliserez leurs cadres de miel pour renforcer d'autres colonies.

Peser les ruches

Le conseil est ancien, mais toujours valable : connaître le poids des ruches pour décider de la conduite à tenir. Le procédé figure dans les ouvrages d'agronomie du début du XIXe siècle. À l'époque, la pesée s'effectuait avec une balance romaine. Aujourd'hui, deux méthodes sont préconisées :

- **Le peson.** On l'accroche à une grosse vis centrée à l'arrière du plateau de sol. Les ruches étant toutes posées de la même manière sur leur support (face avant à la verticale du support), en soulevant le plateau de sol, le peson donne la moitié du poids de la ruche. Sur les ruches équipées de poignées métalliques saillantes, le peson sera accroché à l'une d'entre elles.
- **Le SCALAPI.** C'est un ingénieux procédé qui permet d'avoir une pesée complète des ruches. Les colonies sont posées sur deux planches de 27 mm d'épaisseur, de 10 cm de large et de 60 cm de long, soigneusement traitées à la paraffine bouillante pour les rendre imputrescibles. L'appareil se glisse d'un côté dans les deux planches et en les faisant basculer, la tension exercée par le levier sur un peson donne le poids de la ruche.

Stocker les cadres de pollen

Les cadres surnuméraires pourvus en pollen seront stockés au sec, à l'abri des teignes et autres parasites, dans un vieux réfrigérateur par exemple, que vous utiliserez ici comme placard hermétique et dans lequel vous ferez brûler un morceau de mèche soufrée.

Pour sécuriser l'état du pollen, il est bon de le saupoudrer d'un peu de sucre semoule broyé finement au moulin à café, ou d'un sucre glace ne contenant aucune trace d'amidon. Ce procédé permet de le faire sécher. Modifié par les enzymes ajoutées lors de son stockage dans les cellules, ce pollen est appelé « pain des abeilles ». Il sera apporté en nourrissement pour stimuler la colonie au moment de l'élevage des reines ou, dès le mois de mars, pour le démarrage des colonies qui en seraient dépourvues. Le pain des abeilles se reconnaît à sa couleur vive et brillante. Pour information, le pollen non transformé est mat.

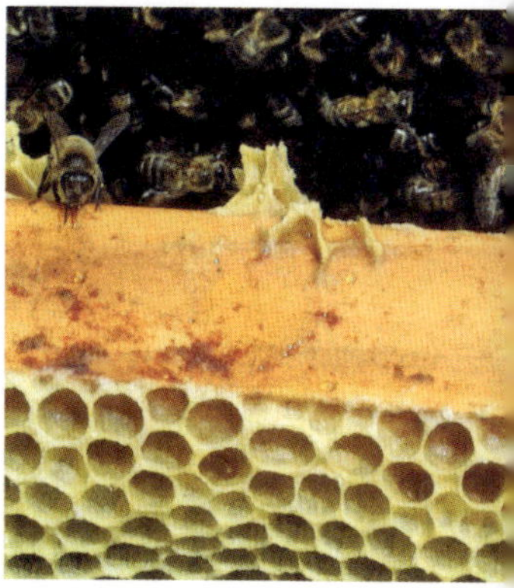

Et aussi...

Noter vos observations sur le registre d'élevage ou sur le carnet de bord du rucher, ou encore sur une fiche ou une planchette bien plane et bien poncée placée sous le toit. Ces annotations sont déterminantes pour planifier vos interventions, suivre plus spécifiquement chacune de vos colonies et apprendre par l'observation.

Dadant sur une hausse avec hausse et couvre-cadre nourrisseur.

POINTS DE REPÈRE

Une ruche Dadant 10 cadres, avec un toit en tôle, atteignant 20 kg en pesée arrière ou 40 kg en pesée totale, passera l'hiver sans avoir besoin d'une surveillance particulière. Entre 17 et 20 kg en pesée arrière, il faudra nourrir au candi dès décembre. En dessous de 17 kg, il paraît difficile de passer l'hiver, sauf si la colonie a été ramenée à 5 cadres, dont 4 pleins de miel. Si une colonie sur 10 cadres est de poids inférieur à 17 kg, je vous suggère de la disperser, elle ne survivrait probablement pas.

Une musaraigne a fait son nid au chaud dans la ruche pour y passer l'hiver.

LA BONNE PRATIQUE DU MOIS

Lors des visites, il est important d'accrocher les cadres à un porte-cadre. En les déposant au sol, ils risqueraient en effet d'être contaminés. Il faut savoir que, dans un rucher, on trouve des abeilles mortes de vieillesse mais aussi de maladies, des déjections d'abeilles, des parasites, des spores de maladies... Tout cela étant disséminé tout autour de la ruche et donc entretenu, déplacé et transporté par les différents prédateurs.

DISPERSER LES COLONIES

C'est une opération très simple et rapide.

1

En fin de journée, juste à la tombée du jour, avant que le soleil ne soit couché, enfumer copieusement la colonie trop faible. La déplacer dans le rucher. Presque instantanément, les abeilles commencent à se gorger de miel. Un bruissement caractéristique se fait alors entendre.

PENSEZ-Y !

- Si la reine est jeune et de qualité, mais que la population qui l'entoure est trop petite pour en tirer parti, elle peut être utilisée pour remplacer une reine âgée dans une autre ruche.
- Si un cadre contient beaucoup de couvain, mettez-le dans une ruche à renforcer. Dans le même temps, tous les autres cadres seront retirés et mis à l'abri des teignes, avec les cadres sains. Parallèlement, brûlez tous les cadres douteux.

2

Après la mise en bruissement, attendre quelques minutes, ouvrir la colonie, et retirer chacun des cadres puis les secouer. Gorgées de miel, les abeilles ne trouvant plus leur ruche à son emplacement vont se présenter dans une autre ruche où elles offriront une goutte de miel, se faisant ainsi accepter facilement par la colonie étrangère.

Nucléis faits de haussettes prêts à passer l'hiver.

Hivernage de cadrons de nucleis.

NOVEMBRE

Novembre marque l'entrée dans la période « sombre » de l'automne, que l'on appelle souvent à tort l'hiver. Le mauvais temps limite les travaux extérieurs, ce qui n'est pas un problème puisque les colonies, inactives, ne demandent aucun soin particulier ce mois-ci. Au jardin, c'est l'époque des plantations. À la sainte Catherine (le 25 novembre), dit-on, « tout prend racine ». La sève des branches redescend, apportant au système racinaire toutes sortes de nutriments issus de la photosynthèse de l'été et lui assurant un bon développement durant l'hiver. Profitez-en pour enrichir les abords de votre rucher d'arbres et d'arbustes mellifères !

LA MÉTÉO DU MOIS

On observe dans bien des régions tempérées que le gel n'arrive qu'après le 11 novembre, la Toussaint offrant parfois encore de belles journées, bien que fraîches. Novembre est cependant globalement un mois froid et humide, il pleut beaucoup, et les températures offrent une moyenne de 5 °C, sauf dans le Midi de la France, où elles peuvent être un peu plus élevées. Les heures de soleil se font plus rares et la nature entre progressivement au repos. Les abeilles aussi...

Préparation du candi.

LES FLORAISONS

Les floraisons se font très rares. La bruyère d'hiver et les arbousiers peuvent être mentionnés pour les régions méditerranéennes. Sur le reste du territoire, novembre voit la fin définitive des trèfles blancs, qui fleurissaient depuis avril.

Brassage du candi.

LA VIE DE LA COLONIE

La colonie est engourdie, inerte, l'hivernage commence. Le rucher est alors soumis aux aléas des hôtes de passage, les abeilles ne pouvant se défendre contre d'éventuels prédateurs. Depuis quelque temps déjà, petits rongeurs et lézards cherchent des refuges, et la ruche en est un. Seul un plancher totalement grillagé ou aéré les dissuade alors de s'y installer.

Si vous ne l'avez pas fait en octobre, vous pourrez installer des portières qui réduisent les entrées de la ruche et la protègent des visiteurs indésirables.

Malgré ces précautions, il arrive que l'on trouve parfois, en mars, de très gros lézards nichés dans la ruche. Ils ont réussi à entrer, ont profité des ressources de la ruche et mangé des abeilles pendant de longues semaines. Devenus bien trop gros, ils sont alors incapables de passer la portière à la belle saison !

Moulage du candi.

Couverture de survie mise sur une ruchette et recouverte d'un film plastique.

BIOLOGIE DE L'ABEILLE

Pendant la saison froide, la longue claustration des abeilles leur fait perdre le sens de l'orientation. Lorsqu'elles sortiront de nouveau, on les verra faire de grands cercles autour des ruches en s'en éloignant de plus en plus. La position de la ruche par rapport au soleil est un élément important dont elles perdent rapidement la mémoire, c'est pour cela que l'on conseille de faire passer trois nuits en cave aux essaims artificiels si on ne peut éloigner ceux-ci de 3 km du rucher.

HYGIÈNE ET SANTÉ DU RUCHER

Côté santé, la seule surveillance des colonies ce mois-ci porte sur leur stabilité et leur aération. Veillez également à ce que les abeilles puissent circuler librement en cas d'accumulation de neige sur les planches d'envol.
Côté nourriture, c'est en général seulement vers la fin décembre que des nourrissements complémentaires sont nécessaires. Vous privilégierez alors le candi. Consommé par les abeilles comme du miel, il peut être apporté en prévention et n'a aucun effet délétère sur la colonie.
En revanche, les sirops sont à proscrire car ils nécessitent ensuite de la part des abeilles un effort physiologique pour évacuer l'eau. Les nourrisseurs étant éloignés de la grappe, la distance pour les atteindre agit comme un couloir glacial, mortifère. De plus, le sirop est très froid et, si les abeilles en absorbent, elles

Bâche sur Warré.

Ruches et ruchettes,
toits plats toit chalet

ATTENTION AUX PRODUITS SYSTÉMIQUES

Pour nettoyer les abords de la ruche et débroussailler, il est essentiel d'employer des produits biodégradables, en évitant les produits systémiques. Ces derniers sont souvent des hormones qui perturbent la croissance des plantes. On les retrouve dans les gouttes d'eau qui perlent le matin sous les feuilles à la reprise de la végétation. Ce phénomène est appelé « guttation ». C'est une excrétion de la plante, qui ne doit pas être confondue avec la rosée, qui vient, elle, de l'atmosphère ambiante. Lorsque les abeilles boivent cette guttation polluée, elles meurent.
Les herbicides et débroussaillants sont tous toxiques pour les abeilles. Si vous en utilisez, faites-le lorsque les abeilles ne sortent pas.

Divisible Voirnot carré dans le sens réserve à miel 8 cadres.

Divisible Voirnot carrée dans le sens nid à couvain 10 cadres.

s'engourdissent et meurent. Pour mémoire, vous pouvez apporter du sirop dans deux cas seulement : lorsque les pissenlits commencent à fleurir, et en janvier si la population est très forte et que vous voyez les abeilles se promener sur le couvre-cadre apportez un verre seulement. Dans ce cas, le sirop sera alors versé chaud.

LES TRAVAUX AU RUCHER

La remise en état du rucher

Jusqu'en février, le travail au rucher va consister à débroussailler, niveler, améliorer l'accessibilité, traiter contre les ronces et les herbes, choisir de nouveaux emplacements.
Ceux-ci devront être équipés de supports à bonne hauteur, les ruches ne pouvant pas être posées directement sur le sol, trop humide. Vous choisirez les supports en fonction de votre taille. Le dos de l'apiculteur est en effet son premier ennemi et soulever des hausses placées trop bas lorsqu'elles sont pleines le met à rude épreuve !
Les supports les moins onéreux et les plus stables sont les parpaings. De gros parpaings, empilés en croix deux par deux, donnent un support souvent confortable. Si le sol est meuble, il est préférable de gratter une couche de terre et d'empierrer, puis de damer avant de poser les parpaings. Vérifiez avec un niveau que c'est bien plan, il y va de la bonne vidange des nourrisseurs.
Les toits doivent être également stabilisés par une pierre.
Traité à l'huile, le bois des ruches sera enduit aux périodes les plus chaudes du mois, hors de la sortie des abeilles pour ne pas être gêné par leur curiosité.

Choisir ses ruches

Si l'on crée un rucher, novembre est le bon mois pour choisir son matériel. En général, on conseille de s'équiper si possible chez les fournisseurs locaux, qui vendent en priorité des ruches adaptées à l'environnement floral de la région, celui-ci déterminant pour partie, rappelons-le, la capacité de production des colonies. Compte tenu de la dynamique de reproduction de notre abeille domestique, les ruches doivent lui offrir un volume d'habitation d'environ 80 litres. Ce standard, fruit de l'expérience, a été adopté pour tous les modèles disponibles.

Divisible Dadant faite de 2 hausses.

• *Deux types de ruches*

- **La ruche avec hausse.** Dans ces ruches, de type Dadant (10 cadres) ou Voirnot (10 c), le corps, lieu de reproduction et de vie des abeilles, est distinct par sa taille de la hausse, qui sert de réserve au surplus de miel que l'apiculteur récolte. La hausse est moitié moins haute que le corps et possède 1, voire 2 cadres de moins pour faciliter la désoperculation. Les rayons étant alors plus épais, ils débordent généreusement du cadre en bois.
- **La ruche divisible.** Sans hausse, elle est composée d'éléments tous identiques servant alternativement de lieu de vie pour la colonie et de réserve pour le miel. C'est la ruche divisible Dadant faite de hausses 12 c (carrées avec 4 feuillures en tête qui permettent 12 c dans un sens pour le nid à couvain, et 10 dans l'autre pour faire hausse), la Langstroth (10 c), la divisible Voirnot (hausses carrées à 10 c dans le sens nid à couvain, 8 ou 9 dans la configuration hausse), la Claerr (9 c), la Warré (élément carré à 8 c pour la partie couvain, et à 7 pour la partie réserve de miel).

Langstroth sur Dadant.

LA DADANT, PRIVILÉGIÉE PAR LES AMATEURS

Le nid à couvain de la ruche Dadant est de bonne taille, les cadres, larges de 42 cm sur une hauteur de 27 cm, contiennent facilement tout le couvain sans que l'on en retrouve de manière trop fréquente dans la hausse. La ruche Dadant comporte 10 ou 12 c dans le corps. L'amateur exploite souvent le modèle à 10 c. Aujourd'hui, les colonies ne sont plus aussi populeuses que lorsque cette ruche a été inventée. Vous pourrez donc aussi la conduire sur 8 c seulement, en réduisant l'espace par deux partitions réfléchissantes à chaque extrémité. L'important étant que la colonie dispose toujours du maximum de chaleur pour se développer. Dans ce cas, certains préconisent plutôt la ruche Warré, conduite classiquement sur 8 c et très favorable au développement du couvain. Seul inconvénient, le nombre des éléments à manipuler pour une visite complète et pour trouver la reine. La Voirnot serait la meilleure ruche actuellement pour nos régions, plus ramassée que la Dadant elle permet un meilleur hivernage. N'étant plus à la mode les revendeurs ont peu d'éléments de ce modèle.

Cadres Warré, ciré type Gatineau, amorcé modèle Gilles Denis, barrette d'origine avec rayon.

Pour information, une Dadant 10 cadres avec sa hausse fait 81 litres, deux éléments Langstroth superposés en font 85, et quatre éléments Warré 78. En bref, l'important c'est que le nid à couvain dispose de la place nécessaire pour son bon développement, et que la réserve de miel soit suffisante pour supporter les à-coups des miellées brutales. Cela évite à l'apiculteur d'avoir le nez rivé sur ses colonies de peur de les voir essaimer, ou de perdre une partie du nectar d'une miellée, faute de place.

• *Deux conduites très différentes selon le type de ruche*

Les ruches avec hausses se conduisent au cadre, les ruches divisibles à l'élément :

- **La conduite au cadre** veut dire que l'on affaiblit les colonies trop fortes en leur prenant un ou plusieurs cadres de couvain, ou qu'on les renforce en leur ajoutant des cadres pris ailleurs dans d'autres ruches. Le volume de la colonie est donc modulable, il dépend du nombre de cadres de couvain et d'abeilles prélevés ou ajoutés.
- **La conduite à l'élément** signifie que l'on ne fait d'ajout ou de suppression de population que par « élément » entier, soit 8 cadres avec une Warré sans pouvoir moduler le volume de ce que l'on ajoute ou retire. Travailler « à l'élément » apprend vite à l'apiculteur qu'il n'y a d'apiculture possible qu'avec des colonies bien nourries, en bonne santé, populeuses, avec des reines fécondes, jeunes et bien sélectionnées.

Quel que soit votre choix, vérifiez les cotes avant l'achat du matériel. Aucune normalisation n'étant vraiment respectée, des écarts de quelques millimètres sont en effet fréquents.

MON CONSEIL : *Choisissez de préférence un seul modèle de ruche, c'est une vraie source d'économie de temps et d'argent. Il n'y a pas meilleure ruche que celle que l'apiculteur maîtrise. Si vous rencontrez des problèmes dans votre conduite du rucher, mieux vaut envisager une formation, dans un rucher école par exemple, plutôt que de changer de matériel. Seul votre dos justifiera la recherche d'un modèle plus léger.*

Couvre-cadre nourrisseur.

Choisir le plateau de sol et le couvre-cadre

Après l'engouement pour les plateaux de sol totalement grillagés, on en revient à des plateaux partiellement grillagés. Quelques cm d'ouverture à l'arrière suffisent pour évacuer l'humidité. Cela limite les vents froids dans les corps en janvier au moment de la reprise de la ponte de la reine. Pour les plateaux totalement grillagés, prévoir une plaque de fermeture pour janvier.
Pour le couvre-cadre, je vous invite à privilégier un modèle nourrisseur, de loin le plus commode pour stimuler la colonie au printemps comme pour la nourrir massivement en été. C'est le modèle que je pose sur les essaims artificiels que je nourris sans interruption de leur constitution jusqu'à la fin de l'été.
Sur des colonies de production un peu justes en réserves de miel, j'utilise de la bâche à talus, une toile épaisse tissée en plastique qui me sert toute l'année de couvre-cadre, sauf aux périodes de nourrissement. L'été, je pose dessus une simple planche de 10 mm d'épaisseur, équipée sur deux côtés de deux tasseaux de 10 à 15 mm. Cet éloignement entretient une possible aération que les abeilles régulent en enduisant plus ou moins les trous de la toile de propolis. L'hiver, je peux glisser sous cette toile un pain de candi épais de 5 cm (voir Octobre).

Enfumoir avec grille.

Choisir ses outils

- L'enfumoir. Les enfumoirs du commerce fonctionnent bien, à condition qu'ils soient équipés d'une grille de fond rehaussant le combustible de 2 cm : l'air passe ainsi sans aucun problème. Bien allumé, l'enfumoir se consume une journée durant. Prendre de préférence un modèle équipé d'une grille de protection externe, cela évite de se brûler ou de brûler le tapis de sol de sa voiture !
- Le lève-cadre. Un gros tournevis suffit, mais les lève-cadres à très long manche permettent de dégager facilement le bas des cadres.

Lève cadre 33 et 50 cm.

Ruche en paille.

À SAVOIR : *le lève-cadre américain est un excellent grattoir. Peint dans une couleur vive, il sera plus facile à retrouver dans l'herbe...*

- Les protections. Le voile est indispensable, il doit être tenu éloigné du visage pour éviter les piqûres, d'où l'intérêt d'une mentonnière, qui le maintient bien en place sur la tête, même les jours de grand vent. Solidaire d'une vareuse épaisse, le voile ne pourra être égaré. Veillez à ce que l'élastique du bas de la vareuse tienne celle-ci bien plaquée à la ceinture, les abeilles trouvant rapidement le passage. Les poches de la vareuse doivent être profondes, recouvertes d'un rabat pour ne pas perdre les outils indispensables lors des visites : pince à reine et tube de peinture pour marquer celle-ci, serpe pliante, boîte à punaises, crayon à papier, clous en Z, pointes de 60, appareil photo numérique...
Des gants en caoutchouc complètent l'équipement. Dotés d'une manchette conséquente, ils couvrent les poignets de la vareuse. Leur désinfection à l'eau de Javel est possible. Travailler à mains nues ou avec des gants à usage unique apprend à travailler soigneusement. Le bas du pantalon est rentré dans les bottes.
Vareuse et pantalon seront blancs de préférence, les abeilles ne voyant pas les couleurs sombres. Il existe une combinaison complète avec un voile tenu par des arceaux. Ce modèle très copié est très efficace, notamment les jours de grand vent.

Constituer sa caisse à outils

N'importe quelle caisse à outils en plastique peut convenir. Prévoir une caisse en bois ou métal pour transporter l'enfumoir, le combustible, un bidon de sirop... Certaines caisses pliantes en plastique sont exactement au format des cadres Dadant.

MON CONSEIL : *Lorsque vous allez au rucher, emportez systématiquement avec vous des cadres construits, des cadres cirés, des cadres de corps ainsi que des cadres de hausse. Si vous le pouvez, laissez au milieu du rucher une ruche ou une ruchette vide équipée de cadres cirés, de corps et de hausses, d'un lève-cadre... Aucun prédateur ne s'en préoccupe et vous aurez ainsi du matériel de secours à portée de main en cas de besoin.*

Et aussi...

Planifiez au maximum le travail hivernal et bien le répartir, car filer des cadres, les cirer, ou faire des cadres à jambage, préparer les corps de ruches, désinfecter le matériel... sont des opérations longues et fastidieuses. Or, quand vous reprendrez vos activités au rucher au printemps, le temps vous manquera pour faire toutes ces opérations.

LA CAISSE À OUTILS DE L'APICULTEUR

Indispensable, la caisse à outils contient généralement, outre l'enfumoir et le bidon de sirop :

- une boîte de vis, clous, clous en Z, pitons pour portières, punaises...
- un tube visseur pour ces pitons (tube de cuivre de 12 mm légèrement aplati)
- un pot de nitrate d'ammonium
- des cages à reine et un pot de candi
- une pince à reine
- un pot de combustible et du carton
- un briquet ou un chalumeau
- des crayons 6B à 8B
- des plaques de bois pour fermer les orifices des couvre-cadres
- des portières réductrices d'entrée ou des bandes de mousse
- un lève-cadre
- une balayette
- du ruban adhésif très collant pour écrire dessus
- un carnet pour noter vos observations
- un appareil photo numérique.

Auxquels vous ajouterez éventuellement :

- des étiquettes en plastique pour numéroter les ruches à la mine de plomb
- un pulvérisateur à main avec de l'eau parfumée
- un feutre indélébile
- des planchettes
- des partitions en polystyrène extrudé

Votre caisse à outils pourra également accueillir un porte-cadre, qui s'accroche sur le bord de la ruche et permet de poser deux cadres, ce qui facilite la visite.

LA BONNE PRATIQUE DU MOIS

L'étiquette apposée sur vos pots de miel devra comporter les indications suivantes : le mot « Miel » et une mention complémentaire sur la nature du miel ; attention, les qualifications « miel naturel, pur miel, miel de pays, miel de terroir, 100 % miel » ne sont pas autorisées. En revanche, est autorisée la mention : « le miel est un produit issu de la nature ». Des mentions florales sont également possibles, se renseigner sur les éventuelles AOC, une dénomination de vente (facultative) : « miel de fleurs, miel de miellat, miel en rayons, miel filtré, miel destiné à l'industrie... » et son origine (France, Union européenne), vos nom et adresse, son poids (sous-entendu, net). Se reporter au site de la DGCCRF, rubrique étiquetage du miel.

NOURRIR EN PÉRIODE FROIDE (OPTION 1)

La nourriture d'hiver est le candi, appelé aussi fondant de pâtissier. C'est un sucre cuit entre 110 °C et 120 °C, qui donne une cristallisation très fine. Pour l'assouplir, les fournisseurs l'enrichissent souvent avec du sirop de glucose.

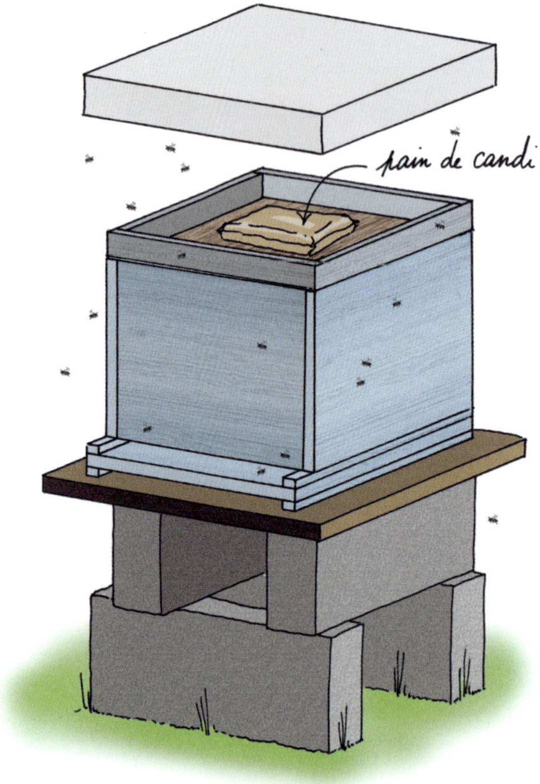

1

Vendu en sachet de 1,5 kg à 2,5 kg, le candi est posé directement sur le trou du nourrisseur présent sur le couvre-cadre.

2

Certains couvre-cadres ont plusieurs trous, ce qui permet à l'apiculteur de s'approcher le plus possible de la grappe.

DÉFINITION LÉGALE DU MIEL

« Le miel est la substance sucrée naturelle produite par les abeilles de l'espèce *Apis mellifera* à partir du nectar de plantes ou des sécrétions provenant de parties vivantes des plantes ou des excrétions laissées sur celles-ci par des insectes suceurs, qu'elles butinent, transforment, en les combinant avec des matières spécifiques propres, déposent, déshydratent, entreposent et laissent mûrir dans les rayons de la ruche. À l'exception du miel filtré, aucun pollen ou constituant propre au miel ne doit être retiré, sauf si cela est inévitable lors de l'élimination de matières organiques et inorganiques étrangères ». Pour plus de précisions, se reporter au site de la DGCCRF.

NOURRIR EN PÉRIODE FROIDE (OPTION 2)

1

Remplacer le couvre-cadre en bois par une toile plastique tissée.

UN BON TRUC : *Comme elle s'effiloche facilement, je fais un ourlet à la machine à coudre.*

Poser le pain de candi sur la tête des cadres sous la toile à l'endroit exact où l'on voit les abeilles, c'est vital pour les très petites populations.

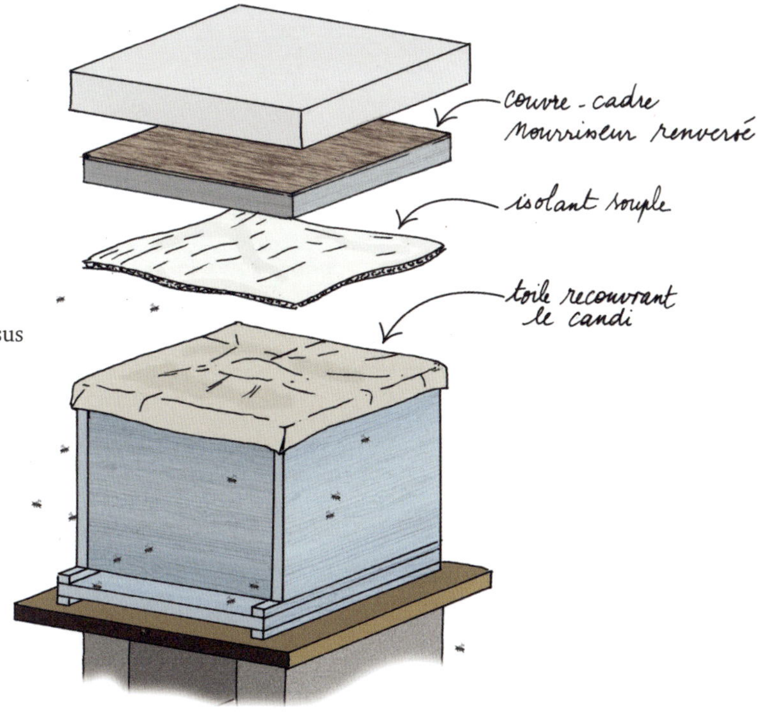

2

Caler le tout avec le toit, la bâche enveloppant bien la ruche.

Dans les régions très froides, renforcer la couverture par un isolant à bulle ou une couverture de survie, retourner le couvre-cadre nourrisseur dessus puis le toit avec son isolant.

ATTENTION ! *Le plateau de sol doit être bien ventilé pour éviter l'accumulation de l'humidité.*

DÉCEMBRE

« Décembre prend et ne rend rien. » La végétation aérienne est au point mort, la nature semble endormie. Les jours continuent leur inexorable déclin jusqu'à n'avoir que 8 heures d'ensoleillement. Même dans le Midi, on entre dans la période la plus calme du côté des colonies. Au moment de Noël, le solstice d'hiver annoncera la reprise de la croissance des jours, en janvier ou février suivant les régions, les colonies se réveilleront... D'ici là, on fêtera ce qui fut une bonne année apicole, ou l'on formera des vœux pour la suivante !

LA MÉTÉO DU MOIS

En décembre, le froid s'installe, les jours sont les plus courts de l'année. On peut espérer cependant quelques belles journées qui se profilent après la grisaille généralisée de novembre. Elles nous rendront service pour le troisième traitement anti-varroa si l'on n'a pu le faire en novembre du fait de la présence de couvain. En altitude, le gel est présent à peu près partout.

LES FLORAISONS

Décembre est un mois presque sans floraison. Seule la bruyère d'hiver peut être mentionnée, ainsi que l'hellébore, ou « rose de Noël », qui fleurit de novembre à mars selon les régions.

LA VIE DE LA COLONIE

Calme et tranquillité sont de mise dans la colonie. L'activité est identique à celle de novembre : la grappe d'abeilles poursuit son activité de régulation de la température, les abeilles se relayant constamment du centre de la grappe vers sa périphérie pour se nourrir. En principe, le couvain est terminé. La reine a totalement cessé de pondre, sauf dans le Midi ou, plus largement, lorsque les années sont particulièrement douces. Elle reprendra progressivement sa ponte à partir du solstice d'hiver.

Rucher sous la neige.

Reine et sa cour.

Ruche à fond vitré.

BIOLOGIE DE L'ABEILLE

La vie à présent au ralenti des abeilles s'accompagne d'une consommation régulière de miel, qui leur permet de maintenir la température au sein de la grappe. Produit humide, le miel oblige les abeilles à en rejeter l'eau, qui va condenser sur les parties froides de la ruche.

Les abeilles se défendent mal contre cette humidité ambiante, qui est un fort capteur de calories. L'aération par un plateau de sol totalement grillagé, et la surélévation du corps de ruche (de la hauteur d'une hausse) au-dessus du plateau de sol, sont de bonnes réponses pour évacuer l'humidité par le bas.

Moyennant ces quelques précautions, et avec un toit bien calfeutré, la colonie produira et conservera la chaleur qui est nécessaire à sa survie tout en consommant parallèlement un minimum de miel.

HYGIÈNE ET SANTÉ DU RUCHER

Les mois d'hiver sont propices à la réflexion et à la planification du travail à venir. Décembre vous donne le temps de mettre au point une stratégie de lutte contre les maladies, la prévention étant encore le meilleur des remèdes !

Il faut savoir qu'une pathologie survient lorsque trois conditions sont réunies : la présence de l'agent pathogène, une cause externe favorisante (météo, désordre alimentaire, intoxication...) et la situation de la colonie (trop petite, carencée, parasitée, déséquilibrée du point de vue des cartes d'abeilles).

Organiser le rucher

Les alignements de ruches favorisent la dérive. N'importe quelle abeille, du moment qu'elle est gorgée de nectar, peut entrer dans n'importe quelle ruche en offrant une goutte de sa récolte. Cette dérive rend les ruches des extrémités d'une ligne particulièrement populeuses, avec le risque d'une dissémination des maladies.

Pour éviter ce phénomène, vous pouvez installer vos ruches par groupes de trois ou quatre, en les orientant différemment. On préconise généralement une orientation sud-sud-est. Les Américains ont montré que, si l'orientation n'est guère importante, en revanche il faut éviter les ouvertures face aux vents dominants. Si les colonies sont hypersensibles à l'humidité, en

BIEN DÉSINFECTER LE MATÉRIEL

La prévention des maladies et des parasites passe notamment par la désinfection régulière du matériel.

- En cas de doute, **le lève-cadre** sera trempé dans une eau javellisée pour garantir une désinfection parfaite. Les spores des loques résistent pendant au moins 40 ans, sauf à la flamme et à l'eau de Javel. Ces deux procédés, les plus radicaux, sont à privilégier.
- **Les outils métalliques, les ruches, les ruchettes, les plateaux de sol, les couvre-cadres en bois**... doivent être désinfectés à la flamme d'un chalumeau. Pour les apiculteurs qui ont des volumes importants de matériel, il existe des buses à gros débits de gaz utilisées pour coller les revêtements goudronnés. Choisir de préférence le modèle équipé d'une poignée de commande et d'une veilleuse. Attention, il s'utilise uniquement en extérieur.
- **Le bois de la ruche**, une fois nettoyé, doit prendre une couleur « pain bruni ». Propolis et cire peuvent bouillir, et il faut les racler pour mettre à nu le bois, les spores des maladies seront ainsi détruites. Cette opération doit être menée en plein air pour parer tout risque d'incendie, et l'hiver car les abeilles sont au chaud chez elles. À tout autre moment, on risque l'envahissement.
- **Pour les matériels en plastique ou en toile, ainsi que pour les rayons de cire des hausses**, la désinfection se fait à l'eau de Javel (300 ml de Javel à 2,6 % ca. plus 1 l d'eau). Ajouter 5 % de liquide vaisselle (pour mieux mouiller les surfaces à traiter). Bien gratter les morceaux de cire et de propolis et laisser tremper au moins 15 min, 30 min pour les rayons.

À NOTER : *les traitements à la mèche soufrée désinfectent également les rayons.*

revanche les endroits ventés ne sont pas à redouter. Plutôt secs, ils sont par-là même favorables aux colonies. Dans les endroits ventés, l'ajout d'une hausse vide sous le corps donne de très bons résultats.

Vieux réfrigérateur
pour conserver les cadres.

Ruches protégées dans
un chalet avec ouverture
arrière (Cambodge).

LES TRAVAUX AU RUCHER

La surveillance d'hiver

Comme nous l'avons déjà vu, elle consiste principalement à dégager les entrées bouchées par la neige. Mettre éventuellement une tuile contre l'entrée pour éviter qu'une trop forte lumière ne fasse sortir les abeilles inopinément alors que la température est encore trop froide. Bien contrôler également la stabilité des toits.

Traiter ses ruches

Le traitement à l'acide oxalique est à faire maintenant. Son efficacité sans couvain est estimée à 95 %, mais à lui seul il est insuffisant pour assurer une bonne année apicole. Il est bon que cette pratique soit enseignée, encadrée et supervisée par le Groupement de défense sanitaire apicole (GDSA) du département. Les préconisations évoluant avec le temps, vous devez vous tenir au courant et suivre les évolutions, tant techniques que réglementaires, des différents traitements.

Et aussi...

Surveiller régulièrement les réserves de la ruche. Les pains de candi donnent une bonne idée de l'évolution des colonies. Certaines vont rapidement avoir besoin de cet apport, d'autres non, il n'y a pas de règle en la matière.

LA BONNE PRATIQUE DU MOIS

Établir pour vos interventions au rucher et à l'atelier votre planning mois par mois, voire semaine par semaine. Noter la date des réunions du syndicat d'apiculture et de votre association sanitaire apicole (ASA) ou de votre GDSA. Mettre à jour votre registre d'élevage, et préparer celui de l'année à venir.

Miniplus sur trois éléments pour passer l'hiver et préparer des nucléis de printemps.

TRAITER LES COLONIES À L'ACIDE OXALIQUE

Le couvain est absent (du moins, en principe) depuis novembre, et il le restera jusqu'en janvier dans l'ensemble de la France, et les varroas survivants accrochés aux abeilles. À cette période de l'année, un traitement par contact suffit à en supprimer une bonne partie.

L'acide oxalique est présent naturellement, dans certaines plantes (oseille). Soluble dans l'eau, il ne l'est pas dans les corps gras. C'est pourquoi il n'imprègne pas la cire, le traitement réalisé en décembre ne laisse par conséquent aucune trace dans le miel. Je vous recommande la méthode par dégouttement.

1

Diluer le sachet d'acide oxalique dihydrate dans un sirop de sucre à un mélange eau-sucre 50-50.

LES SPÉCIALITÉS PHARMACEUTIQUES

L'acide oxalique du droguiste ou de qualité officinale est désormais interdit d'usage en apiculture pour le dégouttement. Seules les spécialités pharmaceutiques apicoles disposant d'une AMM sont autorisées, dont l'achat ne nécessite pas d'ordonnance du vétérinaire. Ces médicaments sont distribués par les pharmaciens, les vétérinaires, les GDSA, etc. C'est de l'acide oxalique pur mélangé à du sucre, ou des préparations liquides prêtes à l'emploi contenant d'autres produits comme de l'acide formique.

ATTENTION !

L'acide oxalique est une substance vénéneuse que l'apiculteur ne doit pas respirer. Travailler en local ventilé et porter un masque pour arrêter les envols de la poudre. La préparation se fait le jour de l'application car la dilution se dégrade rapidement, sauf si on la conserve à 5 °C. L'acide oxalique pouvant engendrer un affaiblissement des colonies, une seule application annuelle est conseillée.

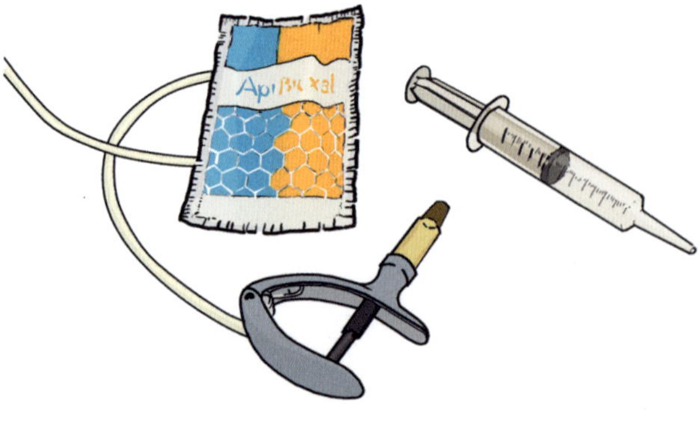

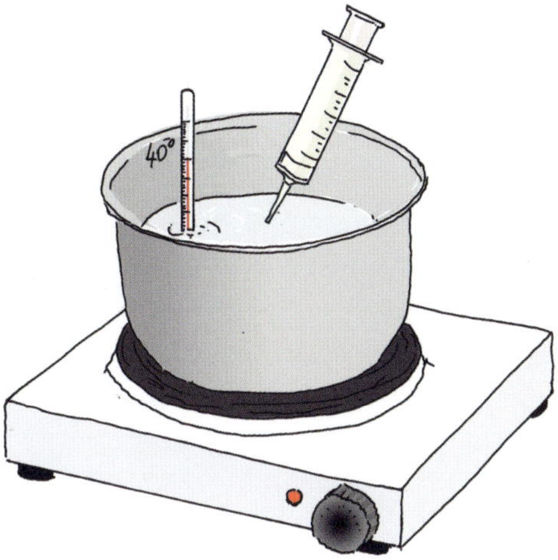

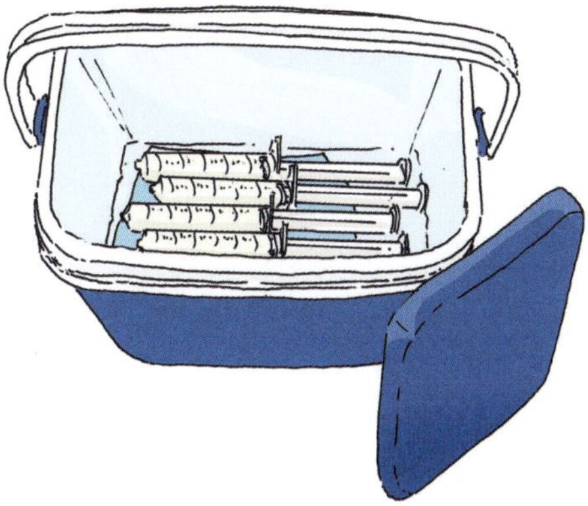

2

Porté à 40 °C, le sirop est mis dans des seringues de gavage en plastique de 50 ml. Conservées dans une glacière sur des accumulateurs de chaleur, les seringues seront utilisées à raison d'une par ruche.

3

Le jour du traitement, ouvrir rapidement la colonie et enfumer (très peu).
Répandre sur les abeilles visibles entre les cadres le sirop de sucre tiède contenant l'acide oxalique en respectant bien la quantité de 5 ml par intercadre. Ne mettre ce sirop qu'aux endroits où des abeilles sont bien présentes. Habituellement, 30 ml suffisent.

***MON CONSEIL :** Opérer par un jour calme et ensoleillé.*
La température externe peut avoisiner les 5 °C sans que cela pose problème.

ANNEXES

LÉGISLATION

Tout apiculteur est un éleveur d'animaux de rente et sa production entre dans la chaîne alimentaire. Elle est sous le contrôle de la DGAL. À ce titre, l'apiculteur doit être connu des services vétérinaires. Il doit respecter les bonnes pratiques sanitaires en matière d'hygiène lors de l'extraction et du conditionnement de son miel, en matière de traitement contre varroa et de conduite générale de ses ruches. Les services vétérinaires peuvent lui apporter leur concours en cas de maladie grave touchant tout un rucher, en cas d'intoxication des colonies.
Chaque année à partir de septembre, la déclaration sur le nombre et le lieu des ruchers sera faite à partir du site : https://agriculture-portail.6tzen.fr/default/requests/Cerfa13995

Ce Cerfa 13995 peut être acquis pour un envoi postal, soit par internet soit auprès du « service vétérinaire » ou « santé animale » de la Direction départementale de la protection des populations (ou DDCSPP si on y ajoute la cohésion sociale) du département où vit l'apiculteur (pas celui de ses ruchers). Dès la première déclaration, un numéro d'apiculteur (NAPI) est attribué, qui est l'identifiant d'apiculteur à reporter sur toutes les déclarations, courriers, concernant la vie de votre rucher.

Si votre rucher est dans votre jardin, aucune indication particulière n'est requise ; par contre, si le rucher est sur un terrain dont vous n'êtes pas le propriétaire, ce numéro est à reporter sur 10 % des ruches ou sur un panneau.

Cette déclaration sert essentiellement aux statistiques annuelles du ministère pour obtenir la part de la France dans les aides européennes apicoles. La DDPP et l'ARS tiennent informés les apiculteurs des risques sur les ruchers dans les cas des traitements toxiques pour les abeilles et imposés par l'administration pour protéger d'autres animaux de rente (grippe aviaire, fièvre catharrale...).

Vous devez être assuré en responsabilité civile, comme pour tout animal domestique. Certains assureurs assurent vos ruches jusqu'à un certain nombre sans augmentation de la cotisation de votre RC habitation-famille. Certaines compagnies assurent jusqu'à 50 ruches gratuitement si elles sont sur le terrain de l'habitation assurée. Les revues apicoles proposent des contrats de groupe et dans l'abonnement, certaines assurent gratuitement vos 10 premières ruches (« L'Abeille de France »). Enfin c'est un produit d'appel pour les syndicats.
Bien entendu, être assuré ne protège pas contre les contentieux... pécuniaires.

Un arrêté préfectoral indique les distances à respecter entre vos ruches et le voisinage. Les syndicats le gardent à disposition de leurs adhérents. Le Code rural précise cependant que, dans le cas où il y a une haie ou un mur à 2 mètres au moins au-dessus du trou de vol des ruches, ou tout autre artifice permettant de limiter le vol des abeilles, aucune prescription de distance n'est imposée.

Néanmoins, la paix avec le voisinage requiert discrétion, prudence et quelques pots de miel offerts régulièrement.

La sécurité

Outre les vêtements de protection, il peut être important de conserver des médicaments à portée de main en cas de piqûre, les réactions étant très variables d'une personne à l'autre.

L'accident le plus grave, exceptionnellement rare (moins de 30 décès/an tous types de piqûres d'hyménoptères confondus), est le choc anaphylactique, qui ralentit la circulation sanguine. La seule réponse est de faire une piqûre avec de l'adrénaline. Un kit est disponible, il est bon de l'avoir chez soi au réfrigérateur, si les ruches sont proches, de manière à pouvoir intervenir immédiatement en cas d'urgence. Les médecins possèdent ce système auto-injectable dans leur trousse d'urgence. On ne dispose cependant que de 10 à 20 min tout au plus pour intervenir. Appeler le SAMU pour valider la conduite à tenir.

Ce produit, comme tous les autres médicaments luttant contre les effets allergiques liés aux piqûres, vous sera prescrit par votre médecin.

Soyez vigilant !

Il est impératif de respecter à la lettre les indications d'usage des produits, de ne pas faire de bricolage maison ou d'essayer d'innover, et de suivre de préférence les conseils de la Fédération nationale des organismes sanitaires apicoles départementaux (FNOSAD), qui fait autorité. Les revues apicoles fournissent également très régulièrement des informations actualisées, que tout apiculteur se doit de connaître. Le miel jouit d'une réputation de produit sain et naturel, ne dégradons pas son image.

Les médicaments apicoles

Les apiculteurs disposent de très peu de médicaments pour soigner leurs colonies. Les spécialités à utiliser sont celles disposant d'une autorisation de mise sur le marché (AMM). Cette AMM peut avoir été demandée en France ou dans n'importe quel pays européen. Pour les traitements des parasites externes (varroa, acariose, pou...), une directive européenne supprime l'obligation d'une ordonnance vétérinaire pour se procurer ces produits ; sa transcription en droit français est paru - JO du 26 mai 2018.

Aucune maladie bactérienne ne peut désormais être traitée par des médicaments. Les antibiotiques, recommandés un temps en apiculture, ne sont plus utilisés. Le Fumidil B®, spécifique pour la nosémose, n'est plus disponible sur le marché pour l'instant. D'une manière générale, ils sont peu à peu retirés de nombreux soins vétérinaires pour éviter d'en imprégner la chaîne alimentaire, accroissant ainsi le nombre de bactéries résistantes mettant en cause la santé humaine.

Tous ces traitements sont agressifs pour les abeilles, ils limitent la survie des reines ainsi que leur fécondité. Tous sans exception sont également toxiques, y compris les huiles essentielles, dont certaines particulièrement agressives à basse température.

Le GDSA

Le Groupement de défense sanitaire apicole (GDSA), a un rôle spécifique dans la gestion des questions sanitaires en lien avec les services vétérinaires. Le GDSA forme, informe, crée des liens avec les techniciens sanitaires apicoles missionnés pour faire des diagnostics dans les ruchers et fournit les produits sanitaires autorisés.

Les syndicats d'apiculteurs

Ces associations relient amateurs et professionnels, leurs cotisations sont faibles. Ils ont une mission de formation et d'information des amateurs et de défense de l'abeille. Il existe aussi des syndicats de professionnels largement orientés vers la défense des intérêts économiques des professionnels, de la constitution de la branche.

Composés le plus souvent d'amateurs, les syndicats départementaux sont très anciens. Ils organisent des cours, des foires aux miels, des sorties, des conférences. C'est un lieu de convivialité entre apiculteurs professionnels, pluriactifs et amateurs. C'est aussi un espace d'information, de formation, de conseils... et d'affrontements comme la vie associative sait en produire ! Les syndicats offrent également des abonnements à tarifs préférentiels aux revues apicoles, proposent des assurances et diffusent les informations réglementaires et sanitaires.

La complexité de la vie apicole aujourd'hui impose de regrouper toutes les forces pour défendre des politiques réalistes en matière d'apiculture permettant de servir au mieux les intérêts de ceux qui en vivent.

Une mixité petits producteurs-professionnels donne plus de poids à une profession très clairsemée. Les amateurs font nombre, ils sont aussi les meilleurs vecteurs de la connaissance de l'abeille, et leur passion pour cet insecte participe largement à la promotion des produits de la ruche.

La France importe les 2/3 de sa consommation de miel, la production des petits producteurs joue donc un rôle plutôt incitatif auprès des consommateurs, sans pour autant concurrencer les professionnels.

Les présidents et les membres des conseils des syndicats ont besoin du soutien de tous leurs adhérents pour maintenir un vrai dynamisme au service d'une branche des professions agricoles qui fut la première à attirer l'attention des pouvoirs publics sur les questions de santé publique liées à l'utilisation massive dans notre pays de produits chimiques systémiques en agriculture. Cette question vaut bien adhésion !

GLOSSAIRE

ACIDES AMINÉS : Unités de base des protéines capables de participer *in vivo* à leur synthèse, ce sont des constituants primitifs à l'origine de la vie.

AGRANDISSEMENT DES COLONIES : Opération qui consiste à agrandir l'espace de vie des abeilles, soit en enlevant les partitions posées en automne qui réduisent le corps de ruche, soit en ajoutant une hausse ou un élément.

AMM : Autorisation de mise sur le marché, procédure administrative d'identification du champ d'action et des conditions d'emploi d'un produit chimique sous une forme galénique précise pour lui donner le label de médicament et en autoriser la vente. C'est une des modalités de protection du consommateur.

ANECBALIE : Caractère des lignées qui pratiquent de manière fréquente la supersédure. C'est l'inverse des lignées essaimeuses.

ARRHÉNOTOQUE : Se dit d'une reine qui, non fécondée, pond des ovules qui donnent naissance uniquement à des mâles.

BÂCHE À BULLE : Isolant à bulle aluminé dit « haute performance » pour isolation des combles. Se place sur le corps de ruche. Débordant largement des 4 côtés de la ruche, cette feuille permet de déposer sur la tête des cadres un pain de candi. Bien au chaud, il sera consommé même par de très petites colonies.

CADRE : Cadre en bois suspendu dans la ruche qui contient les rayons de cire. Les rayons sont très fragiles, les cadres en bois équipés de fil d'acier les rigidifient, leur permettant de subir une extraction du miel par centrifugation. L'invention du cadre en bois date de la fin du XVIIIe siècle, sa généralisation sera assurée à partir de 1830 par Charles Dadant, un Français émigré aux USA, et Lorenzo Lorrain Langstroth, autre Américain et ami de Charles Dadant, tous deux inventeurs de ruches qui portent leur nom. L'abbé Warré insinuait perfidement que l'invention du cadre intéresse particulièrement les vendeurs de matériel apicole puisqu'ils fournissent la cire gaufrée nécessaire pour que les cadres soient construits d'un rayon. Charles Dadant était commerçant de matériel apicole, la société qui porte son nom existe encore. Le cadre à jambage réduit très largement la consommation de cire gaufrée.

CADRE CIRÉ OU CIRE À BÂTIR : Cadre équipé d'une plaque de cire gaufrée au format des alvéoles que l'on souhaite. Ouvrières : 800 cellules au dm^2 ; mâles 490 cellules au dm^2.

CADRON OU PETIT CADRE POUR NUCLÉI : Leur format varie du demi-cadre de hausse au demi-cadre de corps ou d'élément. Il en existe dans tous les modèles de ruches, hormis les plus petites comme les Warré ou Claerr. Prévus pour être assemblés par deux, on les fait construire par les abeilles dans une ruche normale.

CADRE D'ÉLEVAGE : Cadre aménagé avec des barrettes porte cupules permettant de mettre 2 ou 3 rangées de 12 à 14 cupules au format des cellules d'élevage royale.

CLAERR : Ruche divisible à 9 cadres, de format intérieur 326 x 326 mm et 250 mm de hauteur.

CLIPPER : Couper le tiers d'une aile d'une reine de manière à limiter son envol en cas d'essaimage. Cette opération permet de retrouver les essaims proches des ruches de départ.

COLONIE : Ensemble d'abeilles pourvu d'une reine composant un tout qui se reproduit par essaimage. La cohésion de ce groupe est assurée par des phéromones produites par tous les individus de la colonie.

COUVAIN : Ensemble des larves en développement dans les rayons. Le nid, ou chambre à couvain, est l'espace où l'ensemble des cadres de couvain sont réunis. Un cadre contenant du couvain ouvert se reconnaît aux larves blanches ou aux œufs qui brillent dans le fond des cellules. Le couvain operculé se reconnaît à la couleur marron des opercules, de surcroît légèrement bombées, alors que l'opercule du miel est plat et translucide, jaune clair ou blanc.

CUPULARVE® JENTER®, KEMP®, NICOT®: Boîtiers contenant une centaine de cupules sur lesquelles on enferme la reine pour l'y faire pondre. Les cupules sont récupérées au bout de 48 heures environ, et la reine libérée.

CUPULE : Cellule artificielle de 9 mm de diamètre destinée à provoquer un élevage de reine.
À savoir : les cupules en plastique sont mieux tolérées que les cupules en cire.

DADANT CHARLES (1817-1902) : Français émigré aux USA, il développa un modèle de ruche à cadres mobiles de grande taille. Le corps contenant 10 cadres fait 45 cm de long par 38 cm de large et 32 cm de hauteur, la hausse est moitié moins haute. À l'origine, cette ruche était superposable au modèle Langstroth. Elle existe aussi en 12 cadres.
La ruche Dadant convient bien aux régions à miellées courtes et à hivers longs, car le corps contient de grandes réserves de miel et la hausse, de taille réduite, permet des récoltes partielles sur chacune des miellées.

DGAL : Direction générale de l'alimentation. Service du ministère de l'Agriculture dont la mission est la surveillance sanitaire de l'alimentation et auquel est rattaché l'ensemble des services déconcentrés de l'État dans les régions et départements. Service régional de l'alimentation (SRAL), service de la santé animale dans les DDPP ou DDCSPP. Ces services gèrent la sécurité sanitaire et alimentaire de la production animale, de la transformation des produits alimentaires ainsi que de leurs conditions de distribution.

DGCCRF : Direction générale de la de la concurrence, de la consommation et de la répression des fraudes. Service du ministère de l'Économie et des Finances. Il a en charge la protection du consommateur du point de vue du respect des règles de la concurrence, de la protection économique des consommateurs, de la sécurité et de la conformité des produits et des services.
www.economie.gouv.fr/dgccrf/consommation

DYNAMIQUE DES POPULATIONS : Expression des démographes pour exprimer la vitesse de reproduction des populations. Les abeilles naissent 21 jours après la ponte de l'œuf et sont immédiatement opérationnelles. Leur durée de vie, de 6 semaines au plus l'été, est largement compensée par le niveau de la ponte de la reine pouvant atteindre plusieurs milliers d'œufs par jour jusqu'en juin. Par la suite, la dynamique faiblit et la population de la colonie diminue en nombre. La dynamique du varroa qui se reproduit sur les larves d'abeilles durant leur nymphose est 2,5 fois supérieure à celle de l'abeille, c'est-à-dire que, lorsqu'il naît 100 abeilles, il naît 250 varroas au même moment. Sa durée de vie est près du double de celle de l'abeille.

ÉLEVEUSE : Colonie ayant sa reine et possédant une partition avec grille à reine qui permet de faire élever dans ce compartiment les cupules où de jeunes larves sont démarrées pour devenir reines. Le démarrage se fait dans le starter. Les cellules restent dans l'éleveuse 4 jours jusqu'à leur operculation, avant d'être mises en finisseur. L'amateur poursuit l'élevage des cellules jusqu'au 10e jour après le picking dans l'éleveuse, qui sert ainsi de finisseur.

EMBALLER UNE REINE : Reine agressée par des ouvrières au moment de son introduction. Les abeilles se roulent en boule dessus pour la piquer. Ce phénomène est fréquent lorsque la reine vient juste d'être marquée : son odeur étant brouillée, les abeilles ne la reconnaissent pas.

ESSAIM : Groupe d'abeilles contenant une reine et la moitié de la colonie souche. Les essaims construisent très vite, les nourrir améliore leur performance cirière.

ESSAIM NATUREL : C'est celui qui sort spontanément de la ruche. Artificiel, il est fabriqué par l'apiculteur par prélèvement de cadres avec leurs abeilles dessus, ou par division de ruche.

ESSAIMAGE : Production d'essaim. Certaines lignées sont plus essaimeuses que d'autres. Les ruchers constitués à partir d'essaims naturels exclusivement sont eux-mêmes très fortement soumis à essaimage. Cette caractéristique se combat par des sélections rigoureuses. L'amateur apprend à reproduire des reines et achète des reines inséminées et garanties issues de lignées sélectionnées sur leur douceur et leur faible propension à l'essaimage. En F1, les caractéristiques des filles sont massivement proches de celles de la mère.

ESSENCE DE MIRBANE OU NITROBENZÈNE : Produit dont l'odeur chasse les abeilles, les teignes… Interdit aujourd'hui, il est souvent cité.

ÉTIQUETAGE DU MIEL : Le miel est un produit alimentaire juridiquement défini. Lors de leur vente ou de leur cession gracieuse hors cercle familial, les pots de miel doivent comporter des étiquettes qui répondent aux exigences réglementaires sur l'information du consommateur.
www.economie.gouv.fr/dgccrf/Publications/Vie-pratique/Fiches-pratiques/Etiquetage-du-miel

FINISSEUR : Étuve régulée à 34,5 °C accueillant les cellules royales operculées jusqu'à la veille de leur éclosion, soit le 11e jour suivant le picking.

GELÉE ROYALE, BOUILLIE NOURRICIÈRE… : Ensemble d'acides aminés et de sucres constituant la nourriture des larves et des futures reines. Selon leur destination, ces gelées contiennent diverses hormones qui influent sur le développement des ovaires des futures reines. Selon les quantités distribuées, les larves deviendront reines, fausses reines (ouvrières ayant un système sexuel partiellement développé, incapables d'être fécondées mais capables de pondre des ovules donnant naissance à des mâles exclusivement), ouvrières.
Ces gelées servent à nourrir la reine qui, selon la quantité de gelée royale pure contenue dans ce qui lui est servi, peut pondre plus ou moins rapidement. Une jeune reine nourrie exclusivement à la gelée royale à haute dose peut pondre de 2 800 à 3 000 œufs par jour.
Les bouillies nourricières, moins riches en gelée royale, sont données aux faux-bourdons, incapables de se nourrir seuls.

GLANDES HYPOPHARYNGIENNES ET MANDIBULAIRES : Glandes présentes uniquement chez l'ouvrière et situées dans la tête et en partie dans le thorax, productrices des gelées royales. Ces glandes ont une durée de vie d'environ une semaine en pleine saison et de plusieurs mois dès la morte-saison, à la condition que l'abeille n'ait eu comme unique activité que de se gorger de pollen.

GRAPPE : Groupe d'abeilles qui forment une boule l'hiver pour se tenir chaud. La grappe est collée sur un ou plusieurs cadres, selon l'importance du nombre des abeilles.

HAUSSETTE : Hausse de ruchette. Matériel facilement disponible pour faire des nucléis avec des cadres de couvain trouvés dans des hausses.

HOFFMANN : Cadre qui assure par construction l'espacement régulier de 37,5 mm entre axe. Ces cadres évitent l'usage des crémaillères et des crampillons pour tenir l'écartement au sommet comme dans le bas des cadres. Ils sont très commodes pour la visite des corps, pour introduire les cages à reines, pour décaler les cadres sans les sortir. Des bandes lisses remplacent les crémaillères. Ces cadres sont toutefois plus onéreux car ils nécessitent une fabrication soignée. Ils sont également moins commodes pour les hausses car ils rendent la désoperculation plus délicate. En général, les cadrons sont construits sur ce modèle, l'écartement Hoffmann est le plus répandu dans le monde.

JAVEL : L'eau de Javel est le biocide qui détruit toutes les formes de résistance des maladies des abeilles. La concentration à 2,6% ca s'utilise à froid uniquement, dans le rapport 3 volumes de Javel + 10 volumes d'eau.

LANGE : Outil de comptage des varroas pour évaluer l'infestation des colonies. Plaque mince et rigide (radiographie, plaque offset, polypropylène alvéolé, plateau adapté…), le lange se place sur le plateau de sol. Le lange est enduit d'une graisse alimentaire (saindoux, graisse à traire, huile de table…) et bordé de fleur de soufre, pour éviter que les fourmis ne viennent enlever les varroas. On répand ainsi sur la graisse 0,5 ml d'Amitraze et, 48 heures après la pose, on compte les varroas tombés sur le lange. L'INRA a mis au point une plaque de comptage pour en réduire la durée (opération fastidieuse) : VarEval.

LANGSTROTH LORENZO LORAIN (1810-1895) : Pasteur autrichien émigré aux USA, ami de Charles Dadant, auteur de nombreux ouvrages apicoles réputés aux USA, inventeur de la ruche qui porte son nom. Le corps de ruche contenant 10 cadres fait 45 cm par 37 cm et 24 cm de hauteur. Il n'y a pas de hausse, les éléments sont empilés les uns sur les autres, c'est une ruche divisible. Ce modèle convient bien aux régions à fortes miellées et à hivers courts, où le couvain peut occuper deux éléments. Les grosses colonies sur deux éléments de couvain peuvent remplir complètement un élément de miel sur une forte miellée. C'est le modèle de ruche le plus répandu dans le monde, et celui que préfèrent les apiculteurs transhumants.

LOQUES : Maladies du couvain, très contagieuses et qui mettent en danger la survie de la colonie. Souvent découvertes tardivement, ces maladies ne peuvent être éradiquées la plupart du temps que par la destruction de la colonie. La loque américaine classée « risque sanitaire de première catégorie » doit donner lieu à une déclaration auprès des services vétérinaires du département où sont implantées les ruches.

MARQUAGE DES REINES : La peinture est le procédé le plus courant. L'utilisation de pastilles numérotées permet de suivre les lignées de manière précise, d'identifier les colonies d'où sortent les essaims. La colle préférée des éleveurs est la glu à séchage rapide ou la peinture de marquage à la couleur de l'année. Ce qui permet en cas de décrochage de la pastille de conserver par la couleur de cette peinture l'année de naissance de la reine.

MIELLÉE : Période de surabondance de nectar due à une floraison massive d'une plante particulière. Les floraisons des fruitiers au printemps, le colza, l'acacia, le tournesol, les lavandes, les trèfles, la vigne vierge, le lierre, le sapin... constituent autant de miellées cycliques.

MOBILISME : Conduite des ruches qui s'appuie sur la mobilité des rayons. S'oppose au fixisme, qui utilise des ruches « paniers », dont les rayons sont fixés sur les parois. Le rayon mobile était connu chez les Grecs.

NECTAR : Sirop de sucre produit par les fleurs pour attirer les insectes pollinisateurs. Les carences en nectar sont aisément compensées par des sirops de sucre blanc et d'eau dans la proportion de 50 % de sucre et 50 % d'eau (en poids).

NOURRICES : Ouvrières âgées de 5 à 10 jours dont les glandes hypopharyngiennes sont en activité. Passé cet âge, ce seront les glandes cirières qui se développeront, l'ouvrière change alors d'activité.

NOURRISSEMENT : Apport de nourriture. Le nourrissement est réalisé à l'aide d'un sirop de sucre, à divers degrés de concentration en eau et en sucre.

NUCLÉI : Petite population destinée uniquement à élever une reine. On trouve des modèles composés de 2 ou 3 cadres de hausses et de 4 à 6 cadrons.

OPERCULATION : Fermeture des cellules de miel ou de couvain par un opercule.

OPERCULE : Fine lamelle de cire qui ferme les alvéoles contenant du miel, la cire mélangée à de la propolis servant à operculer les alvéoles contenant du couvain.

ORPHELINER : Enlever la reine d'une colonie, qui devient du même coup orpheline de sa reine.

PANIERS : Ruches en paille, de forme ronde.

PARADICHLOROBENZÈNE : Utilisé autrefois pour protéger les cadres bâtis des teignes, aujourd'hui interdit. Veiller à ne pas utiliser de produits de substitution contenant des molécules de synthèse qui imprègnent les cires et peuvent tuer les abeilles.

PARTITIONS : Plaques de bois ou de polystyrène extrudé qui entrent à frottement doux dans les corps de ruche à la place de rayons. Elles permettent de réduire le volume des ruches à l'automne. Recouvertes d'un isolant aluminé réfléchissant le rayonnement infrarouge de la grappe d'abeilles, elles améliorent très fortement le maintien de la température dans la colonie et favorisent l'hivernage.

PICKING : Opération de transfert de larves prises sur un cadre de couvain ouvert et transférées dans des cupules en plastique. Le picking désigne également l'outil de prélèvement des larves.

PINCE À REINE : Cagette sous forme de pince permettant de prendre la reine sur un cadre sans la blesser. Les ouvertures sont au format des ouvrières qui peuvent s'en échapper.

POLLEN : Grains mâles des fleurs riches en protéines, indispensables à la nourriture du couvain et des jeunes abeilles. Les carences en pollen sont les plus difficiles à compenser. Le pollen n'est jamais operculé, il est de couleur très variée dans les cellules, allant du beige clair au noir en passant par le jaune, l'orangé et le rouge. De couleur mate, il devient brillant lorsqu'il est transformé au cours d'une fermentation par des enzymes apportées par la salive des abeilles au moment de son tassement dans les cellules. Appelé alors « pain des abeilles », il est particulièrement digeste et destiné aux abeilles nourrices. Ainsi transformé, il se conserve dans la ruche de nombreux mois. Non transformé, les bactéries de l'intestin des abeilles le rendent digeste mais c'est plus lent.

PORTIÈRE : Réducteur d'entrée réversible. Un côté ne laisse qu'une ouverture en dents de scie de 1 cm de hauteur sur toute la longueur de manière à éviter l'intrusion de petits rongeurs. L'autre, perforé de petits trous, obstrue totalement l'ouverture, ne laissant passer qu'un peu d'air.

PROPOLIS : Matière récoltée par les abeilles sur les bourgeons des arbres. Produit non transformé par l'abeille, la propolis a les vertus des arbres dont elle est issue.
Elle contient des micro-organismes avec des effets bactéricides sur un certain nombre de germes, d'où ses vertus cicatrisantes et reconstituantes pour la peau. C'est un des produits les plus utilisés dans la pharmacopée ancienne.

REGISTRE D'ÉLEVAGE : L'arrêté du 15 juin 2000 impose à tout apiculteur dont les produits sont censés être cédés en vue de la consommation de tenir un registre d'élevage où sont consignées toutes les opérations pouvant intervenir dans la qualité sanitaire des produits consommés (traçabilité), en particulier les résidus des produits de traitement. Le registre doit consigner les produits, les n° de lots, les doses utilisées, les modalités d'application, les dates de traitement, les noms et adresses des fournisseurs.

RUCHER : Lieu où se trouvent les ruches. En règle générale, un rucher ne contient guère plus de 30 ruches. Ce nombre est celui qui correspond à un environnement floral varié dans un rayon de 800 mètres autour des ruches. Ce repère vaut pour un rucher fixe appelé également sédentaire. En cas de transhumance, on peut apporter 100 ruches sur un hectare de colza. À l'inverse, dans les zones de monoculture de blé ou de vigne, l'apiculture est pratiquement impossible de fait.

RUCHETTE : Ruche de même format que les ruches du rucher, mais ne contenant que 5 ou 6 cadres. Utile pour les essaims, pour isoler une reine lors d'un orphelinage…

STARTER : Colonie orpheline, constituée artificiellement de nourrices essentiellement, ne contenant aucun couvain ouvert, elle est bien fournie en pollen, miel, sirop et eau. Elle est conçue pour recevoir un ou deux cadres porte-cupules. Les nourrices, n'ayant aucune autre larve à élever que celles apportées dans les cupules, les nourrissent comme de futures reines. Ce procédé permet d'atteindre des taux d'élevage des reines de 90 %.

STERNITE-TERGITE : Demi-anneau ventral des segments abdominaux, le sternite est la partie supérieure et le tergite la partie inférieure, les deux étant reliés par une membrane intersegmentaire. L'abdomen de l'ouvrière est composé de 7 segments.

SULFURE DE CARBONE, TÉTRACHLORURE DE CARBONE : Aujourd'hui interdits, ces produits volatils étaient souvent conseillés dans la littérature ancienne pour détruire la teigne.

SUPERSÉDURE : Changement de reine sans essaimage. La vieille reine est tuée lors de la ponte de la nouvelle. Certaines lignées pratiquent fréquemment la supersédure, c'est un caractère héréditaire appelé « anecbalie ».

TÊTE DES CADRES : Traverse supérieure des cadres le plus souvent rainurée, elle est utile pour y coincer une feuille de cire gaufrée. Amincie aux deux extrémités, elle assure la suspension des cadres sur les bords de la ruche. Ces extrémités appelées « épaulement » cassent facilement si l'on s'en sert pour soulever les cadres avec le lève-cadre. Lever les cadres en passant le lève-cadre sous la tête, et en l'introduisant si besoin dans la cire du rayon, évite cet accident.

TOILE COUVRE-CADRE : Posée sur la tête des cadres, une feuille de plastique transparente empêche le couvre-cadre de coller au corps et facilite l'ouverture de la ruche en limitant les craquements auxquels les abeilles réagissent vivement. Pour la saison froide, on la remplace par une bâche à bulle, qui renforce l'isolation au sommet, souvent elle-même aluminée (isolant réfléchissant). Sous cette bâche isolante, on placera le pain de candi tiédi lors des nourrissements d'hiver.

THERMOPEINT : Peinture à pigment d'aluminium, la plus durable mais monochrome.

TRANSVASEMENT : Opération qui consiste à séparer les abeilles de leur couvain. Le transvasement se réussit bien d'avril à juin, rarement au-delà.

VARROA DESTRUCTOR : Acarien qui se fixe sur les membranes intersegmentaires de l'abeille, il les perfore et se nourrit de l'hémolymphe. Apparu en France en 1983, cet acarien d'origine asiatique ne possède pas de prédateur connu et nos abeilles *Apis Mellifera* ne savent s'en épouiller contrairement à leurs collègues asiatiques. La femelle varroa se reproduit dans les cellules où une larve d'abeille effectue sa mue, et la jeune abeille naît déjà parasitée de plusieurs varroas. Les perforations laissent passer des infections en quantité, maladies opportunistes devenues le lot commun des colonies. En l'absence de traitement, les ruchers disparaissent en 2 ou 3 années.

VARROA PHORÉTIQUE : varroa adulte.

VOIRNOT JEAN-BAPTISTE (ABBÉ) : Né au milieu du XIXe siècle, il inventa une ruche à 10 cadres, de 38 cm x 38 cm x 41 cm H (dimensions intérieures) de format carré. Plus resserrée que la Dadant, elle fut largement utilisée en zone de montagne pour un meilleur hivernage des colonies. La superposition des hausses de 20 cm de hauteur en fait une excellente ruche divisible et son format carré permet de l'utiliser à 10 cadres dans un sens pour le corps et à 8 ou 9 cadres dans l'autre pour en faire la hausse. Elle est plus adaptée à cet usage que la Warré avec les races d'abeilles très prolifiques qui sont les plus utilisées aujourd'hui. Elle reste peu connue du monde apicole Internet.

WARRÉ EMILE (ABBÉ) : Auteur d'une ruche dite « divisible » de 8 rayons, dont les éléments sont carrés et font 20 cm de hauteur et 30 cm de longueur intérieure. Cette ruche est conduite avec des barrettes, simples lattes amorcées d'une petite lamelle de cire gaufrée de quelques centimètres de longueur et de hauteur pour orienter la construction des rayons, ou de barrettes disposant de jambes de 7 cm de hauteur pour rigidifier le rayon et l'empêcher d'être collé aux bords de la ruche, le rayon est alors mobile, c'est l'innovation de Gilles Denis, ou encore équipée de cadres selon le modèle développé par Marc Gatineau. Bien d'autres auteurs ont repris ce modèle pour tenter de conserver l'idée de départ, à savoir faire une ruche très économique, sans utilisation de la cire gaufrée coûteuse, simple à conduire et dont l'extraction du miel se fait par broyage des rayons sans extracteur. De petite taille, la chaleur du couvain y est élevée, ce qui favorise son développement. La ruche Warré impose une conduite rigoureuse car l'apprenti découvre vite qu'une population trop petite ne se développe pas, qu'une colonie importante essaime rapidement si on n'augmente pas suffisamment le nombre des éléments superposés. Ce qui est moins rapidement visible avec d'autres modèles.

BIBLIOGRAPHIE

OUVRAGES

DU MÊME AUTEUR, AUX ÉDITIONS ULMER : *Le rucher durable*, 2013. *Installer un premier rucher*, 2016.

- **BOCQUET M.** *Le nourrissement*, OPIDA, 1994.
- **BROSSUT R.** *Phéromones, la communication chimique chez les animaux*, Belin/CNRS, 1996
- **BRUNEAU E, BARBANÇON JM.** *Le traité Rustica de l'Apiculture*, Rustica, 2015.
- **DARCHEN B.** *L'apiculture, de la préhistoire à l'histoire*, PLB éditions, 2003.
- **DE CASTELJEAU C.** *Bibliographie d'apiculture de langue française*, chez l'auteur, Besançon, 1983.
- **DENIS G.** *La ruche Warré mode d'emploi*, chez l'auteur, 2008.
- **FERT G.** *L'élevage des reines*, Rustica, 2014.
- **BRUNEAU E., JACOBS F., LEQUEUX R., REYBROECK W.** *Guide des bonnes pratiques apicoles*, diffusion CARI et Informatiecentrum voor bijenteelt, Belgique, 2009.
- **FERNANDEZ N. COINEAU Y.** *Maladies, parasites et autres ennemis de l'abeille mellifère*, Atlantica, 2007.
- **JEAN-PROST P., LE CONTE Y.** *Apiculture*, Lavoisier 7e édition, 2005.
- **GOULD J.-L., GRANT C.** *Les Abeilles*, Belin, 1993.
- **GUERRIAT H.** *Être performant en apiculture*, Hozro, 2e ed, 2017.
- **MCFARLAND D.** *Le comportement animal, psychobiologie, éthologie et évolution*, De Boeck, 2001
- **NIVAILLE J.** *Précis d'histoire de l'apiculture dans nos régions*, Éditions européennes apicoles, 1991.
- **PERRET-MAISONNEUVE A.** *L'Apiculture intensive et l'élevage des reines*. PUF 1949.
- **PIQUÉE J.** *Les plantes mellifères mois par mois*. Ulmer, 2014.
- **PIQUÉE J.** *Cultiver des plantes mellifères en ville et au jardin.* Ulmer, 2016.
- **RIONDET J.** *Un rucher dans mon jardin*, Nathan, 1995, épuisé, disponible en CD-ROM chez l'auteur.
- **ROTH C.L.** *Des plantes utiles aux abeilles*, Association de développement de l'apiculture d'Ile-de-France, 1999, en vente à l'UNAF.
- **SNELGROVE L.E.** Conduite de la ruche Langstroth, Librairie de vulgarisation apicole, Montfavet, 1948.
- **STORCH H.** *Au trou de vol*, Éditions Européennes Apicoles, 1987.
- **WEISS K.** *L'apiculteur du week-end*, Éditions Européennes Apicoles, 1985.
- **WEISS K.** *Pratique de l'élevage en apiculture, questions/réponses*, Éditions Européennes Apicoles, 1989.
- **WINSTON M.L.** *La biologie de l'abeille*, Nauwelaerts/Frison Roche, 1993

REVUES

- *Abeilles et fleurs* organe de l'Union nationale de l'apiculture française (UNAF), 24 rue des Tournelles, 75004 Paris.
- *L'abeille de France et l'apiculteur* Organe du Syndicat national de l'apiculture 5 rue de Copenhague 75008 Paris
- *La Santé de l'abeille* organe de la Fédération nationale des organisations sanitaires apicoles départementales (FNOSAD), Quartier Chapitre, 04500 Riez.
- *Info Reines* Organe de l'Association Nationale des Eleveurs de Reines et des Centres d'Elevage Apicoles 17700 Surgères
- *Abeilles et Cie* Organe du CARI Place C+ du Sud Louvain la Neuve Belgique

SITES INTERNET

- **GILLES RATIA CONSULTANT** www.worldbees.com/fr www.beekeeping.org/index_fr. htm
- **MICHEL BOCQUET CONSULTANT** http://michelbocquet.over-blog.com
- **LES CONSEILS MENSUELS DE JEAN RIONDET** www.beehoo.com/conseil-apiculture
- **LE CENTRE TECHNIQUE APICOLE SUISSE :** www.db-alp.admin.ch
- **FNOSAD** www.fnosad.com www.sante-de-labeille.com
- **EKOPEDIA, SITE RICHE EN LISTE DE PLANTES MELLIFÈRES** http://fr.ekopedia.org/Accueil
- **INRA** www6.inra.fr/ciag/CIAg-Agriculture/Abeilles Autres travaux de recherches le site français : https://hal.archives-ouvertes.fr Ou le site américain http://journals.plos.org
- **LE SITE BELGE DU CARI** offre de nombreuses fiches techniques dont le Guide des bonnes pratiques apicoles, téléchargeable gratuitement. http://www.cari.be
- **MUSÉUM D'HISTOIRE NATURELLE** www.mnhn.fr/spn/index.html Pour connaître ses races d'abeilles http://apiclass.mnhn.fr
- **HISTOIRE DE L'APICULTURE** www.apistoria.org
- **LE BLOG DES VÉTÉRINAIRES CONSACRÉ À L'APICULTURE ET LA PATHOLOGIE APICOLE :** www.apivet.eu

CRÉDITS PHOTOGRAPHIQUES

Les photos sont de Jean Riondet et Éric Page, sauf :

- **Biosphoto** : p. 121 (h).
- **Fotolia** : couverture recto (bg, bd, hg, hm) et verso (toutes les photos), pp. 5, 6, 7 (h), 8 (h), 9, 11, 14, 15, 27 (h), 29, 30, 36, 37, 50, 55 (m), 59 (h), 67 (h), 67 (bd), 68 (h), 70 (h), 80, 81, 91, 92, 98 (m), 98 (h), 102, 103, 104 (h), 106 (bm), 110, 111, 112, 113, 115, 116 (h), 136, 148, 150.
- **J. Piquée** : p. 68 (b).

Illustrations : Virginie Jacot.

REMERCIEMENTS

Remerciements à Antoine Riondet, Jan Ondrasik et Hubert Dodat pour leur contribution ponctuelle.

DU MÊME AUTEUR

La ruche basse consommation d'énergie

Élever ses reines

Le rucher durable

Direction d'ouvrage : Sur Mesure/Fabienne Chesnais.
Révision : Raphaèle Dorniol
Réalisation : Camille Fouché

Impression : Printer Trento
ISBN : 978-2-84138-976-6
N° d'édition : 976-06

Dépôt légal : septembre 2018
Imprimé en Italie

Nouvelle édition actualisée 2018

33, rue du Faubourg-Montmartre, 75009 Paris
Tél. : 01 48 05 03 03
www.editions-ulmer.fr
Retrouvez-nous sur Facebook et Instagram

FSC
www.fsc.org
MIXTE
Papier | Pour une gestion forestière responsable
FSC® C015829